浙江省中等职业教育中餐烹饪专业课程改革新教材编写委员会

主　　任：朱永祥　季　芳

副 主 任：吴贤平　程江平　崔　陵

委　　员：沈佳乐　许宝良　庞志康　张建国
　　　　　于丽娟　陈晓燕　俞佳飞

《食品雕刻技艺》编写组

主　　编：张建国

执行主编：吴卫杰

执行副主编：方　勇　郑　力

编写人员：汤伟荣　蓝丽建　贾勇斌　留　胜　朱龙飞
　　　　　杜建彬

内容简介

本书是中等职业教育中餐烹饪专业系列教材，依据《中等职业学校中餐烹饪与营养膳食专业教学标准（试行）》，本教材共分六大项目，在开篇介绍食品雕刻基础知识和基本技术后，分项目逐层递进，以图文形式讲解食品雕刻技艺。

本书综合了木雕、石雕、牙雕等技艺，介绍了中餐烹饪专业食品雕刻技艺必备的核心能力。全书包括“建筑物雕刻”“花卉雕刻”“禽鸟雕刻”“鱼虾雕刻”“畜兽雕刻”“人物雕刻”六个项目。每个项目由若干个任务组成，根据需要，任务下设“主题知识”“任务实施”“行家点拨”“拓展训练”栏目。教材以理论阐述为先导，实训操作为后续，引导学生练习。在教学设计上，教材充分考虑学生的知识接受能力和实践操作程度，从易到难，由浅入深，层层推进设置教学项目，知识体系完备。涉及实践操作的每个作品的制作过程均配有相应的操作实况图片，直观明了。同时，本书也可以作为广大烹饪从业人员和食品雕刻爱好者的学习用书。

前言

在全球提倡“绿色餐饮”“精致餐饮”“视觉餐饮”的风潮下，食品雕刻已成为一朵奇葩。食品雕刻将日常的饮食与雕刻艺术结合起来，对“美食”进行了全新的诠释。它能化平庸为神奇，是源远流长、博大精深中华优秀传统文化的组成部分。食品雕刻使大宴小酌面目一新，为筵席和展台增添了情趣和色彩。食品雕刻的美学价值与实用价值的融合，也使中国传统的“味觉餐饮”上升到了一个新的高度。食品雕刻不再是餐桌上可有可无的小配件，它已经成为人们关注的主题，可以说它在中式菜点中起到了亮化主题、画龙点睛的作用。食品雕刻也是烹饪技术人员必须掌握的基本技能之一。

为培养德、智、体、美、劳全面发展和具有创新精神、创业能力的高素质餐饮业一线技术人才，本教材根据全国职业教育工作会议精神和教育部职业教育与成人教育司提出的课程改革和教材编写要求，以全新的视角审视食品雕刻技艺的精髓，以项目课程为切入点，用图片的形式将工艺流程一一展示出来，在注重基础知识讲解和基本功实战训练的同时，剖析了食品雕刻技艺的难点、疑点。本教材在充分征询烹饪专家意见的基础上，在杭州市职业技术教育研究中心专家的精心指导下，几经探讨、研究、实践编写完成。本教材属于中等职业学校课程改革的限定选修课程教材，具有以下特点。

一是与时俱进，乡情乡味。

教材结合全国职业院校烹饪技能大赛的果蔬雕刻项目的技术要求，体现了与时俱进的特色；临摹近年来涌现出来的一些具有本土文化特色的全国烹饪技术比赛食品雕刻优秀作品，乡情乡味浓厚。

二是项目打包，任务拓展。

教材分为六大项目三十八个任务，内容涵盖了建筑物、花卉、禽鸟、鱼虾、畜兽、人物诸多实用雕刻作品雕刻技艺，以项目为单位分解原来的知识体系，打破思维定式，使学生在逐个完成项目的过程中掌握并灵活运用知识。

三是职业实用，创意无限。

教材注重基础知识讲解和基本功的实战训练，强调“做中学”“学中做”，突出食品雕刻技艺的“层次性”“职业性”和“可持续性”，注重与当前烹饪行业接轨，介绍和剖析了经典食品雕刻作品和当代流行作品，及时吸纳现代食品雕刻技艺中的新设备、新工艺、新方法。

四是图文并茂，科学训练。

教材在体例设计上活泼新颖，内容深入浅出、循序渐进，所有实训项目用图片的形式将工艺流程一一展示出来，剖析食品雕刻技艺的难点、疑点，使学生想看、爱学、易做。在每个项目中，设立了“项目描述”“项目目标”“项目实施”。“项目实施”下设若干任务，在任务中根据需要设立了“主题知识”“任务实施”“行家点拨”“拓展训练”栏目。学生可以按照计划科学训练，使自己在有限的时间内掌握基本要领。

本书配套融媒体资源，可扫描二维码使用。

本教材建议课时为225课时（其中项目三的任务七至任务十为选修），具体课时分配如下表（供参考）。

项目	教学内容	建议课时			
		合计	讲授	实践	自习
	走进食品雕刻	8	4	2	2
项目一	建筑物雕刻	12	3	6	3
项目二	花卉雕刻	36	8	24	4
项目三	禽鸟雕刻（任务一至任务六）	36	12	18	6
	禽鸟雕刻（任务七至任务十）	23	9	12	2
项目四	鱼虾雕刻	22	4	16	2
项目五	畜兽雕刻	48	14	28	6
项目六	人物雕刻	40	12	24	4
总计		225	66	130	29

由于编者水平有限，疏漏之处在所难免，在此恳请各位专家和广大读者给我们提出宝贵意见和建议，谢谢大家！

编　者

目录

走进食品雕刻 / 1

项目一　建筑物雕刻 / 10

任务一　建筑物雕刻——拱桥 / 11
任务二　建筑物雕刻——亭 / 14
任务三　建筑物雕刻——塔 / 17

项目二　花卉雕刻 / 20

任务一　花卉雕刻基础知识 / 20
任务二　花卉雕刻——大丽花 / 23
任务三　花卉雕刻——杜鹃花 / 26
任务四　花卉雕刻——菊花　/ 29
任务五　花卉雕刻——喇叭花 / 32
任务六　花卉雕刻——马蹄莲 / 35
任务七　花卉雕刻——荷花 / 38
任务八　花卉雕刻——月季花 / 42
任务九　花卉雕刻——牡丹花 / 46

项目三　禽鸟雕刻 / 50

任务一　禽鸟雕刻基础知识 / 51
任务二　禽鸟雕刻——天鹅 / 68
任务三　禽鸟雕刻——仙鹤 / 72
任务四　禽鸟雕刻——喜鹊 / 75

任务五　禽鸟雕刻——鸳鸯 / 79
任务六　禽鸟雕刻——雄鸡 / 82
任务七　禽鸟雕刻——雄鹰 / 86
任务八　禽鸟雕刻——锦鸡 / 91
任务九　禽鸟雕刻——孔雀 / 94
任务十　禽鸟雕刻——凤凰 / 98

项目四　鱼虾雕刻 / 103

任务一　鱼虾雕刻基础知识 / 103
任务二　鱼虾雕刻——神仙鱼 / 104
任务三　鱼虾雕刻——金鱼 / 107
任务四　鱼虾雕刻——鲤鱼 / 110
任务五　鱼虾雕刻——虾 / 113

项目五　畜兽雕刻 / 117

任务一　畜兽雕刻基础知识 / 117
任务二　畜兽雕刻——兔 / 118
任务三　畜兽雕刻——羊 / 121
任务四　畜兽雕刻——马 / 125
任务五　畜兽雕刻——麒麟 / 128
任务六　畜兽雕刻——龙 / 133

项目六　人物雕刻 / 140

任务一　人物雕刻基础知识 / 140
任务二　人物雕刻——弥勒 / 143
任务三　人物雕刻——童子 / 148
任务四　人物雕刻——寿星 / 153
任务五　人物雕刻——仙女 / 157

参考文献 / 164

走进食品雕刻

食品雕刻是中餐烹饪中的一项独特刀工技艺，具有较高的工艺美术价值。它可用于菜点造型、成品装盘、宴台设计等装饰艺术，是中餐烹饪中刀工造型的最高表现形式。食品雕刻是指运用特殊的刀具、刀法，将烹饪原料雕刻成各种花、鸟、鱼、虫、兽、人物等实物形象的一门技艺。食品雕刻涉及的内容广泛，所用刀具、技术特殊，因而成品造型千变万化，起到美化菜肴、装饰筵席的作用。食品雕刻是一种综合造型的艺术形式，主要以刀具为主，吸收木雕（图1）、牙雕（图2）、蛋壳雕（图3）、石雕（图4）、剪纸等造型工艺的有关方法，通过切、削、

图1 / 木雕
图2 / 牙雕

图3 / 蛋壳雕
图4 / 石雕

挖、铲、掏、透雕、拼接等手法，创制出具有优美造型的成品。

食品雕刻是我国烹饪文化中的一朵奇葩，学习食品雕刻技艺感受我国烹饪文化的特点，建立文化自信。近些年来，食品雕刻技艺发展很快，对菜肴和高档筵席起到了很好的美化作用，同时人们对食品雕刻的认识逐步转变，开始重视食品雕刻的实用性，使食品雕刻成品既可观赏，又可食用。在国际性的高档筵席上，食品雕刻艺术品显示了中餐烹饪的精湛技艺、得到世界各国贵宾的高度称赞。

一、食品雕刻的形成与发展

食品雕刻在我国历史悠久，大约在春秋时就已出现。《管子》一书中曾提到“雕卵”，即在蛋壳上雕画，这可能是世界上最早的食品雕刻。至隋唐时，人们又在酥酪、鸡蛋、脂油上进行雕镂，然后将其装饰在饭的上面。宋代，席上雕刻食品成为风尚，所雕多为果品、姜、笋制成的蜜饯，造型为千姿百态的鸟兽虫鱼与亭台楼阁。至清代乾隆、嘉庆年间，扬州席上，厨师雕有“西瓜灯”，专供欣赏，不供食用。北京中秋赏月时，往往雕西瓜为莲瓣，此外更有雕为冬瓜盅、西瓜盅者。瓜灯首推淮扬，冬瓜盅以广东为著名，瓜皮上雕有花纹，瓤内装有美味，赏瓜食馔，独具风味。这些都体现了中餐厨师高超的技艺与巧思，食品雕刻与工艺美术中的玉雕、石雕一样，是一门充满诗情画意的艺术，至今仍被外国朋友赞誉为“中国厨师的绝技”和“东方饮食艺术的明珠”。清代李斗《扬州画舫录》：“取西瓜，皮镂刻人物、花卉、虫、鱼之戏，谓之西瓜灯。”陶文台《江苏名馔古今谈》：“清代扬州有西瓜灯，在西瓜皮外镂刻若干花纹，作为筵席点缀，其瓤是掏去不食的。到了近代，扬州瓜刻瓜雕技艺有了发展，席上出现了瓜皮雕花、瓜内瓤馅的新品种（凡香瓜、冬瓜、西瓜均有之），作为一种特殊风味，进入名馔佳肴行列。西瓜皮外刻花，瓤内加什锦，又名玉果园，是在‘西瓜灯’的基础上创新的品种。”其中的什锦是以糖水枇杷、梨、樱桃、菠萝、青梅、龙眼、莲子、橘子、青豆拌西瓜瓤丁组成的。当时雕刻的食品原料已经扩展到水果蜜饯，雕刻的图案也多种多样，为现代食品雕刻奠定了较坚实的基础。

随着时代发展，当代的烹饪工作者秉持精益求精的态度，弘扬工匠精神，在继承和发展传统的烹饪技艺基础上，对食品雕刻技艺大胆创新，不断进步。尤其是20世纪90年代以来，食品雕刻技艺越来越高超，无论是在内容上、形式上，还是在原料的运用上，都有突破性发展，雕刻的种类由单纯的果蔬雕，发展到冰雕、黄油雕、糖雕等。

二、食品雕刻的分类和作用

食品雕刻所涉及的内容非常广泛，品种多样，采用的雕刻形式也有所不同，一般分为以下五种。

（一）整雕

整雕（图5）又叫立体雕刻，就是用一整块或整型的原料，雕刻成一个完整的立体艺术形象，在雕刻技法上难度较大，要求也较高。整雕具有真实感和使用性强等特点。

（二）组雕

组雕（图6）又称“群雕”“组合雕”“零雕整装”，是用多种原料雕刻成某一物体的各个部件，然后再集中组装成一个完整的物体形象。这种雕刻形式目前尤为普遍。成品具有色彩鲜艳逼真、造型灵活、艺术性强、不受原料大小和色彩限制的特点，但在制作过程中必须注意各个部件的大小比例要恰当，色彩搭配要合理。这种雕刻形式适宜组装成大型作品，特别适合在大型宴会和高档席面上应用。

图5/整雕
图6/组雕

（三）浮雕

浮雕（图7）就是在原料表面上雕刻出凹凸不平的各种图案，浮雕又有阴纹雕和阳纹雕之分。阴纹雕是在原料表皮上将图案雕成凹槽，以原料表皮上的凹槽线条表现图案的一种手法；阳纹雕是将图案之外的多余部分去掉，留有高于表面的“凸”形图案。浮雕还可根据画面的设计要求，逐层推进，以达到更高的艺术效果。这种雕刻形式适合于刻制亭台楼阁、人物、风景等。

图7/浮雕

（四）镂空雕

镂空雕（图8）就是在浮雕的基础上，将原料剜穿成各种透空花纹的雕刻方法，常用于瓜果表皮的雕刻。

（五）平雕

平雕（图9）就是平面雕刻，即用切刀或其他刀具雕刻出各种图案的外形轮廓，最常见的就是用模具按压成形。

图8/镂空雕
图9/平雕

三、食品雕刻的常用刀具

“工欲善其事，必先利其器”，学习食品雕刻要注重刀具的性能，有一套得心应手的刀具是学好食品雕刻的前提。由于地域不同，用于食品雕刻的刀具种类也有所不同，但大同小异，常用的刀具主要有切刀、平口刀、U型戳刀、V型戳刀、拉刻刀（或称划线刀）、模具等。

切刀（图10）。刀头尖，刀身较薄、宽，主要用于切平面和修大形，如切出两块原料的黏合部位、作品底座和底部的平面等。

平口刀（图11），又称主刀、尖头刀。刀背呈直线，刀头尖，刀刃呈倾斜状，刀身后部略厚、前部较薄。平口刀使用灵活，几乎所有雕刻作品都需要用到平口刀，单独使用也可完成绝大多数作品。

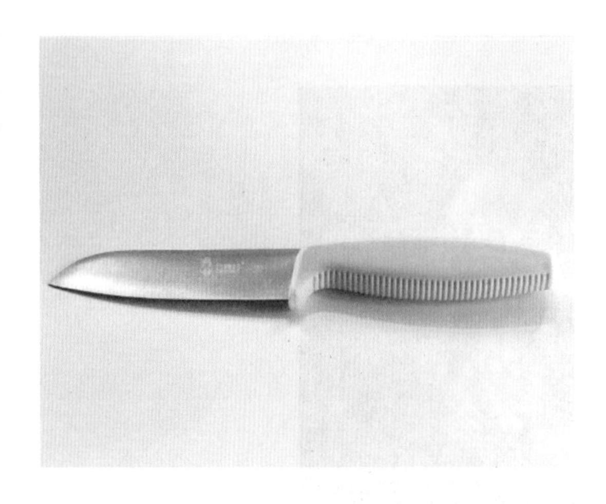

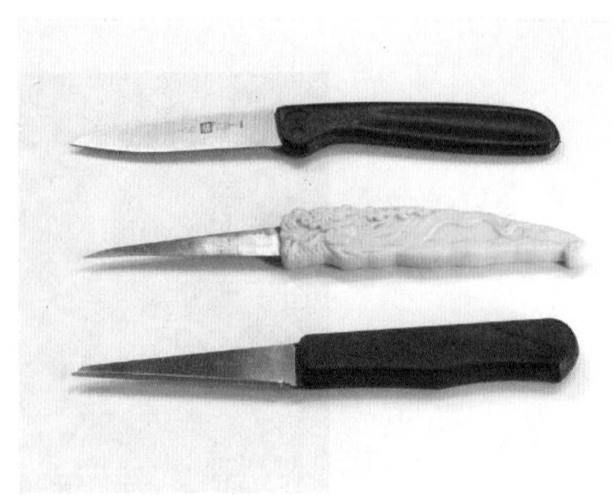

图10/切刀
图11/平口刀

U型戳刀（图12），又称半圆口刀。刀两端均有刃，刀身呈月牙形，没有刀把。U型戳刀主要用于雕刻花瓣、眼睛、羽毛、鳞片、衣服褶皱等。

V型戳刀（图13），又称三角戳刀、尖口戳刀。刀两端均有刃，刀刃横断面呈“V”字形。V型戳刀主要用于雕刻一些带齿边的花卉、羽毛、浮雕作品的花纹等。

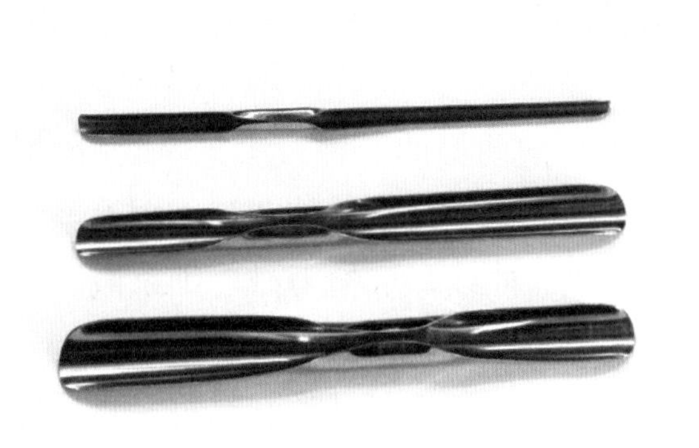

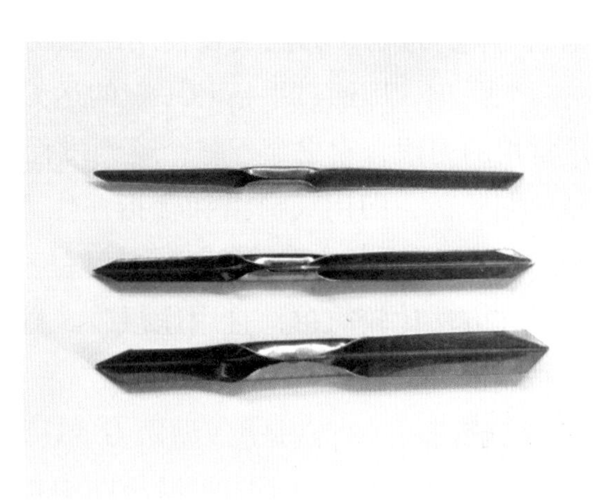

图12/U型戳刀
图13/V型戳刀

拉刻刀（图14）。根据形状，拉刻刀可分为V型、U型、O型、三角形、矩形等。其作用与U型、V型戳刀相近，但拉刻刀更适用于凹面部分的雕刻，如鸟类翅膀凹面的羽毛、鳞片、毛发、人物五官、衣服褶皱等。

模具（图15）。模具是按某些物体的形状做成的空心模型。模具使用方便、快捷，操作时只要将其在原料上按压，就可取得成品。模具样式很多，有龙、凤、“喜”字、寿桃、鸟、兔、蝴蝶等。

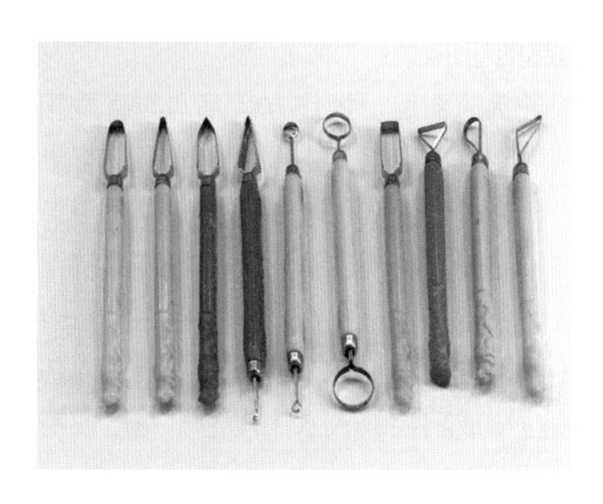

图14/拉刻刀
图15/模具

四、食品雕刻的刀法

食品雕刻有一套独特的刀法。食品雕刻的原料品种繁多且质地各异，因此在雕刻过程中所使用的刀法也各有不同。学习和运用刀法是食品雕刻的基础。食品雕刻的主要刀法有以下几种。

一是切，即刀口与墩头垂直向下用力分割原料的一种刀法，一般用菜刀或平口刀进行操作。切刀法不能独立使作品成形，主要配合雕刻前的准备工作，是一种辅助性刀法，可分为直切、横切、竖切、斜切、锯切等。

二是旋，即刀具运刀路线为弧形，通过这一手法可以将多余的原料去除，分为内旋和外旋两种方法。外旋适合于由外向里刻制的雕品，内旋适合于由里向外刻制的花卉或两种刀法交替使用的雕品。

三是刻，即通过手指和手腕的运刀来达到去除废料的过程，刻刀法是雕刻中最常用的刀法，它贯穿于整个雕刻过程中。

四是戳，即用大拇指和食指捏住刀身将刀口向前推的一种刀法，一般用V型戳刀或U型戳刀操作，用于雕刻某些呈V形、U形的图案及细条的花瓣、羽毛等。此操作方法比较简单，且用途很广。戳分为直戳、曲线戳、撬刀戳、细条戳、翻刀戳。

①直戳——直戳是用V型戳刀或U型戳刀操作，一只手托住原料，另一只手拇指和食指捏住刀的中部，刀身压在中指第一节手指上，呈握笔姿势，刀口向前或向下，平推或斜推进原料，这样层层插空。大丽花、鱼鳞及羽毛都采用这种刀法雕刻而成。

②曲线戳——曲线戳是用V型戳刀或U型戳刀操作，主要用于雕刻细长又弯曲较大的花瓣、羽毛、毛发等。操作方法是将刀尖对准要刻部位呈“S”形弯曲前进，这样雕刻出的线条就呈曲线形。

③撬刀戳——撬刀戳是用V型戳刀或U型戳刀操作，主要用于雕刻凹状船形花瓣，如睡莲、梅花等。操作方法是将刀尖对准要刻部位戳入，刀进到一定深度时刀尖逐渐撬起，这样雕刻出的花瓣呈两头翘起的船形。

④细条戳——细条戳一般用于雕刻细长条状的羽毛。操作方法基本与直戳相似，但操作时刀在上一根羽毛下部偏斜的一半刻进，羽毛就由阔片变成了只有半片大小的细条了。

⑤翻刀戳——翻刀戳用于雕刻翻起的细长花瓣和羽毛。这种刀法的雕品特点是花瓣和羽毛向外翻起。操作方法基本与直戳相似，但是在戳花瓣和羽毛时，刀应缓缓向上抬起，使瓣（羽）尖细薄、瓣（羽）身逐渐加厚，待刀深入原料内部时将刀轻轻上抬，再将刀拔出。将雕刻好的花瓣或羽毛放入水中浸泡，花瓣或羽毛就会自然呈现翻起的形状。

五是划，即在雕刻的原料上，划出所构思的具有一定深度的大体形态、线条，然后再刻的一种刀法。

六是削，即用大拇指顶住刀背，其余四指握住刀把，用力向前或向后拉削。

七是压，即使用模具对准原料用力按压使之成为雕品。

五、食品雕刻的原料选择

食品雕刻的常用原料有两大类：一类是质地细密、坚实脆嫩、色泽纯正的根茎类、瓜果类、叶菜类植物（图16）；另一类是既能食用，又能供观赏的熟食品，如蛋类制品。最为常用的是前一类。

图16/食品雕刻植物类原料

（一）植物类原料

1. 根茎类原料

紫萝卜：又称心里美萝卜，个体大，肉厚，色泽较鲜艳（外皮淡绿色，肉粉红、玫瑰红、紫红色），质地脆嫩，适合雕刻各种花卉。

青萝卜：个体较大，质地脆嫩，且皮、肉均为绿色，适合雕刻个体较大的鸟兽、风景、建筑、花卉、人物等。

白萝卜：质地脆嫩而紧密，个体较大且细长，适合雕刻花、鸟、鱼、虫等。

胡萝卜：质地细密紧实，个体细长，适合雕刻各种小型的花、鸟、鱼、虫等。

苤蓝：圆形或扁圆形，肉厚，皮、肉均为淡绿色，适合雕刻花、鸟。

土豆：肉质细腻、有韧性，没有筋络，呈中黄色或白色，也有粉红色，适合雕刻鸟兽、花卉、人物。

莴笋：肉质细嫩且润泽，多呈翠绿色，也有白色泛淡绿色，适合雕刻花、鸟、虫、兽等。

紫菜头：皮和肉均为玫瑰红、紫红、深红色，鲜艳润泽，还有美观纹路，适合雕刻牡丹、荷花、菊花、蝴蝶花等花卉。

红薯：肉白、粉红、浅红色，有花纹，质地细韧致密，适合雕刻花卉、鸟兽、人物。

洋葱：扁圆形、球形、纺锤形，有白色、浅紫色、微黄色，质地柔软、略脆嫩、自然分层，适合雕刻荷花、睡莲、玉兰花、菊花等花卉。

2. 瓜果类原料

西瓜：个体大，一般掏空，使用果皮雕刻，适合雕刻西瓜灯、西瓜盅。

冬瓜：个体大，似圆桶，外表有一层白色粉状物，肉质青白色，适合雕刻瓜容器。

西葫芦：长圆形，表面光滑，外皮深绿色或黄褐色，肉青白色或淡黄色，比南瓜等稍微鲜嫩，适合雕刻建筑物、人物、花卉、孔雀灯、山水风景等。

南瓜：有扁圆形、长条形、梨果形等，是雕刻大型作品的上佳材料，适合雕刻花卉、各种动态鸟类、大型动物以及人物、亭台楼阁等。

黄瓜：质地脆嫩，颜色鲜艳，适合雕刻船、虫、花卉、盘边装饰等。

番茄：又称西红柿，色泽红润，肉质细密，适合雕刻花卉，如荷花、单片状花朵等。

3. 叶菜类原料

叶菜类原料主要为大白菜，主要用于雕刻花卉，也常用来作为人物造型衣裙的填衬物。使用时一般剥去菜帮儿，切去菜叶，留下接近根部的菜梗。白菜梗虽脆嫩多汁，但纵向纤维较多，施刀时组织不易脱落。

（二）熟食品类原料

熟鸡蛋：适合改刀成形，点缀鸟的嘴、眼、翅或制作花篮、寿桃、金鱼等。

鸡蛋糕：适合雕刻龙头、凤头、孔雀头、亭阁等以及简单的花卉。雕刻时要选用面积大、厚度大、质地均匀细腻、着色一致的糕块。

肉糕类：适合雕刻宝塔、桥的轮廓，还可用于羽毛等的雕刻。

六、食品雕刻制品的贮藏

食品雕刻的原料和成品，保管不当极易变质，既浪费材料又浪费时间，实为憾事。为了尽量延长其贮存和使用时间，主要有以下几种贮藏方法。

（一）原料的保存

瓜果类原料多产于气候炎热的夏秋两季，因此，宜将原料存放在空气湿润的阴凉处，这样可保持水分。萝卜等产于秋季，用于冬天，宜存放在地窖中，上面覆盖一层约30厘米厚的沙土，以保持水分，防止冻损。

（二）半成品的保存

雕刻好的半成品用湿布或塑料布包好，以防止水分蒸发、变色。尤其需要注意的是半成品千万不要放到水中，因为半成品放到水中浸泡后易吸收过量水分而变脆，不宜继续雕刻。

（三）成品的保存

成品的保存方法有两种：一种是将雕刻好的作品放到清凉的水中浸泡，或在水中加入少许白矾，以保持水的清洁，如发现水质变浑或有气泡需及时换水；另一种方法是低温保存，即将雕刻好的作品放到水中，移到冰箱或冷库里，以不结冰为好，可以使雕刻成品长时间不褪色、质地不变，延长使用时间。

项目一　建筑物雕刻

项目描述

建筑物雕刻是对几何形体知识的运用，需要掌握点、线、面、体的概念，能够培养食品雕刻初学者对物体的观察能力、整体把握能力以及塑造能力，是学习食品雕刻的基础。在我们的生活中，各种物体的外部形态是千变万化的，各有各的特征，但是从几何形体的角度来归纳，可以总结为几种最基本的几何形体：圆柱体、球体、长方体、圆锥体等。例如，每个人的相貌不一样，但是可以用不同的几何形体来概况我们身体的组成，比如大腿是圆柱体的，膝盖是长方体的，头是球体的。初期学习雕刻拱桥、亭、塔等建筑物是因为其形态就是几何形体，特征简单，容易分析和把握，可以帮助初学者尽快理解和掌握食品雕刻中形体把握的规律。

项目目标

①掌握食品雕刻刀具的使用，熟悉食品雕刻的切、削、旋、刻、戳等基本刀法。

②合理、准确地把握食品雕刻中点、线、面、体的概念。

③了解建筑物的相关知识，形象地雕刻出各类桥、亭、塔等建筑物。

④党的“二十大”报告指出：我们坚持可持续发展，坚持节约优先、保护优先。在食品雕刻技艺的训练过程中，我们也要培养节约意识以及科学严谨、精益求精的职业品质。

项目实施

任务一　建筑物雕刻——拱桥

主题知识

我国的拱桥始建于东汉中后期，已有1800余年的历史。它是由伸臂木石梁桥、撑架桥等逐步发展而成的。在形成和发展过程中外形都是曲的，所以古时常称之为曲桥。在古文献中，还用“囷”“穹”“窦”“瓮”等字来表示拱。

拱桥（图1–1–1）造型优美，曲线圆润，富有动态感。单拱的如北京颐和园的玉带桥，拱券呈抛物线形，桥身用汉白玉，桥形如垂虹卧波。多孔拱桥适于跨度较大的宽广水面，常见的多为三、五、七孔（图1–1–2），著名的颐和园十七孔桥，长约150米，宽约6.6米。

图1–1–1/拱桥
图1–1–2/多孔拱桥

我国的拱桥独具一格，形式之多、造型之美，世界少有，有驼峰突起的陡拱，有宛如皎月的坦拱，有玉带浮水、平坦的纤道多孔拱桥，也有长虹卧波、形成自然纵坡的长拱桥。拱肩上有敞开的（如大拱上加小拱，现称“空腹拱”）和不敞开的（现称“实腹拱”）。拱形有半圆形、多边形、圆弧形、椭圆形、抛物线形、蛋形、马蹄形和尖拱形。

通过雕刻拱桥的外形，初学者应初步建立一个“形”的概念，逐步摸索，发现、理解和运用造型规律以及表现的方式方法。

任务实施

拱桥的雕刻

工具：平口刀、切刀、U型戳刀。

原料：香芋等。

雕刻方法

①取一块香芋，用平口刀修成马鞍形。（图1–1–3）

②用U型戳刀戳出桥洞。（图1–1–4）

图1–1–3

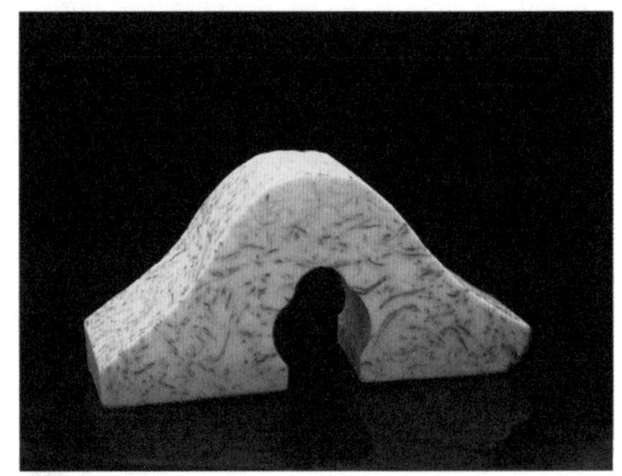

图1–1–4

③在拱桥两侧刻出侧线，刻出拱桥的墙体，注意两横之间要错开。（图1–1–5 ~ 图1–1–8）

图1–1–5

图1–1–6

图1–1–7

图1–1–8

④用平口刀依次刻出拱桥上的栏杆和台阶。（图1-1-9、图1-1-10）

图1-1-9
图1-1-10

⑤雕刻点缀品，组装完成作品。（图1-1-11、图1-1-12）

图1-1-11
图1-1-12

成品要求

①拱桥造型优美，曲线圆润，富有动感。

②桥洞成一定弧形，各部位比例要协调。

行家点拨

①初坯是整个作品的基础，它以简练的几何形体概括全部构思中的造型细节，要求做到有层次、有动势，比例协调，重心稳定，整体感强，初步形成作品的外轮廓与内轮廓。要注意保持作品轮廓清晰、线条流畅。

②用平口刀雕刻桥面要求运刀快、准，粗细均匀，一丝不苟。

拓展训练

①思考与分析：雕刻拱桥有哪些操作要领和注意事项？查询资料，了解我国最早的石拱桥——赵州桥。

②拱桥造型训练（图1-1-13、图1-1-14）。

图1-1-13/拱桥造型训练1
图1-1-14/拱桥造型训练2

任务二　建筑物雕刻——亭

主题知识

亭是一种有顶无墙的小型建筑物，有圆形、方形（图1-2-1）、六角形、八角形（图1-2-2）、梅花形和扇形等多种形状。亭常常建在山上、水旁、花间、桥上，可以供人们遮阳避雨、休息观景，也使风景更加美丽。在中国，亭大多是用木、竹、砖、石建造的，如北京北海公园的五龙亭、苏州的沧浪亭等。

图1-2-1/方形亭
图1-2-2/八角形亭

亭，在古时候是供行人休息的地方。“亭者，停也。人所停集也。”园中之亭，应当是自然山水或村镇路边之亭的再现。水乡山村，道旁多设亭，供行人歇脚，有半山亭、路亭、半江亭等。因为园林作为艺术是仿自然的，所以许多园林中都设有亭，并且很讲究艺术形式。亭在园景中往往是个亮点，起到画龙点睛的作用，从形式上来说也十分美丽多样。《园冶》中说，亭“造式无定，自三角、四角、五角、梅花、六角、横圭、八角到十字，随意合宜则制，惟地图可略式也”。

亭是由多种几何形体组合而成的，通过亭的雕刻学习，初学者应进一步认识点、线、面、体之间的关系，理解和掌握食品雕刻中形体把握的规律，并掌握食品雕刻主要刀具的运用。

任务实施

亭的雕刻

工具：平口刀、切刀、U型戳刀。

原料：香芋（或心里美萝卜、白萝卜、青胡萝卜），胡萝卜。

雕刻方法

①取一块原料，将其切成正六棱台，用U型戳刀修出亭檐轮廓。（图1–2–3、图1–2–4）

图1–2–3
图1–2–4

②在修好的亭顶上刻出瓦楞和亭檐，再在亭顶的六个顶角下方各削去一块刻檐枋，用胡萝卜刻出宝顶并粘上。（图1–2–5 ~ 图1–2–7）

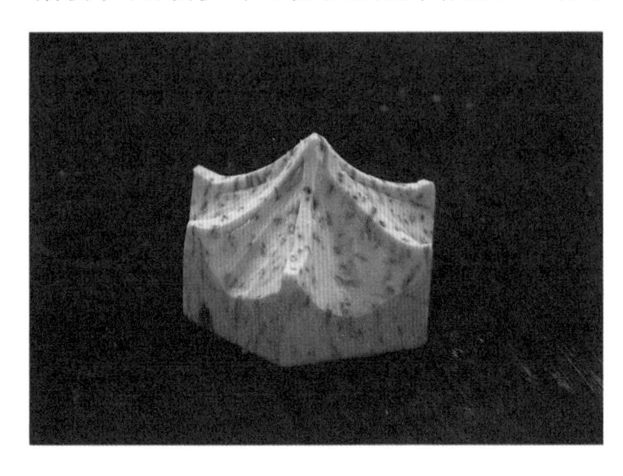

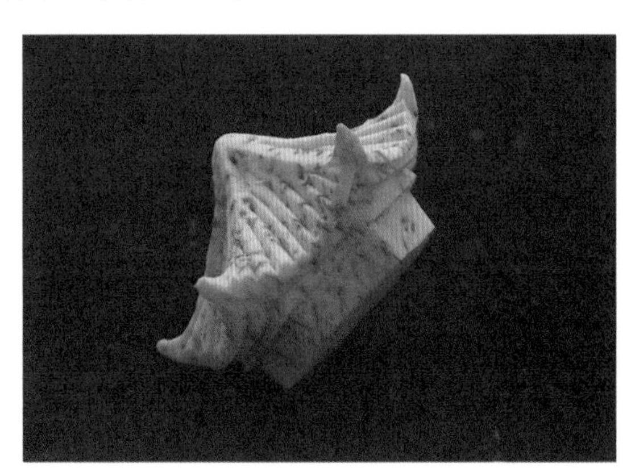

图1–2–5
图1–2–6

③用U型戳刀旋刻出柱子，粘在檐枋下方。（图1–2–8）

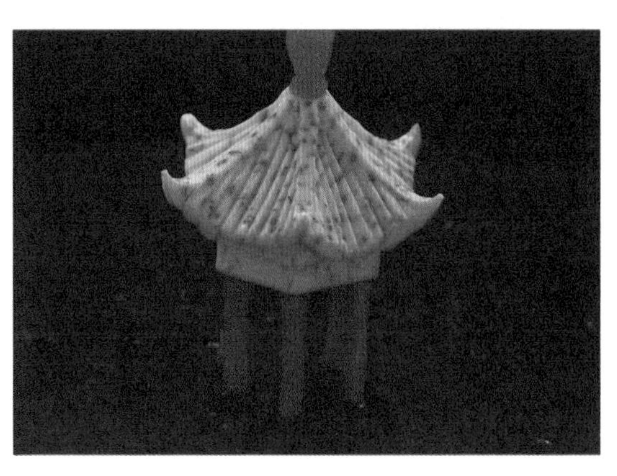

图1–2–7
图1–2–8

④检查每根柱子的垂直度。雕刻点缀品，组装成形。（图1-2-9、图1-2-10）

图1-2-9
图1-2-10

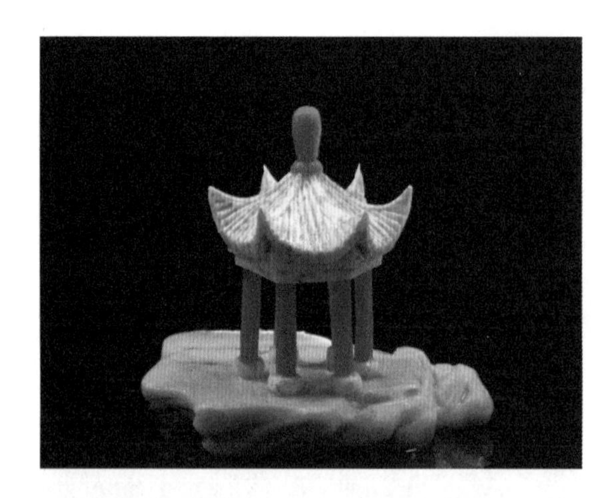

成品要求

①亭造型优美，形象逼真。亭檐上翘自然，整体比例协调。

②刀具、刀法运用熟练，亭面等分均匀。

行家点拨

①在雕刻亭檐时，一定要在亭檐的顶角处进刀，而且要注意斜刀进直刀下。这样才能形成自然翘起的亭檐。进刀位置偏下，进刀切口为一条直线而不是弧形，这样就形成不了自然的翘角。

②注意瓦楞应该上下宽度相同，楞沟彼此平行。

拓展训练

①思考与分析：亭有哪些造型？雕刻亭有哪些操作要领和注意事项？查询资料，了解中国有哪些著名的亭，至少对其中一个做比较深入的了解。

②亭造型训练（图1-2-11、图1-2-12）。

图1-2-11/亭造型训练1
图1-2-12/亭造型训练2

任务三　建筑物雕刻——塔

主题知识

塔的种类非常多，以样式来区别，有覆钵式塔、龛塔、柱塔、雁塔、露塔、屋塔、无壁塔、喇嘛塔、三十七重塔、十七重塔、十五重塔、十三重塔、九重塔、七重塔、五重塔、三重塔、方塔、圆塔、六角形塔、八角形塔、大塔、多宝塔、瑜只塔、宝箧印塔、五轮塔、卵塔、无缝塔、楼阁式塔（图1–3–1）、密檐式塔（图1–3–2）、金刚宝座塔、墓塔、板塔、角塔等。按结构和造型，塔可分为楼阁式塔、密檐式塔、单层塔、喇嘛塔和其他特殊形制的塔。

图1–3–1/楼阁式塔
图1–3–2/密檐式塔

塔的雕刻方法与亭基本相同，更加突出点、线、面、体的运用，将多个形体连接形成一整个形体，其难度更大，能更好地培养初学者的观察能力、整体把握能力。

任务实施

塔的雕刻

工具：平口刀、切刀、V型戳刀。

原料：香芋（或心里美萝卜、白萝卜、青萝卜），胡萝卜。

雕刻方法

①取一块原料，将原料切成正六棱柱。（图1–3–3）

②刻第一层时，参照亭的雕刻，先修出塔檐轮廓，然后刻出塔檐和瓦楞，再刻出塔壁下部的走廊。（图1-3-4 ~ 图1-3-6）注意，塔面高度约为层高的一半。然后用同样的方法刻其他几层。（图1-3-7 ~ 图1-3-10）

图1-3-3
图1-3-4
图1-3-5
图1-3-6
图1-3-7
图1-3-8
图1-3-9
图1-3-10

③刻出瓦楞。在每层塔壁上刻出柱子和门窗等结构。（图1-3-11、图1-3-12）

④刻出塔刹安在顶部。（图1-3-13）

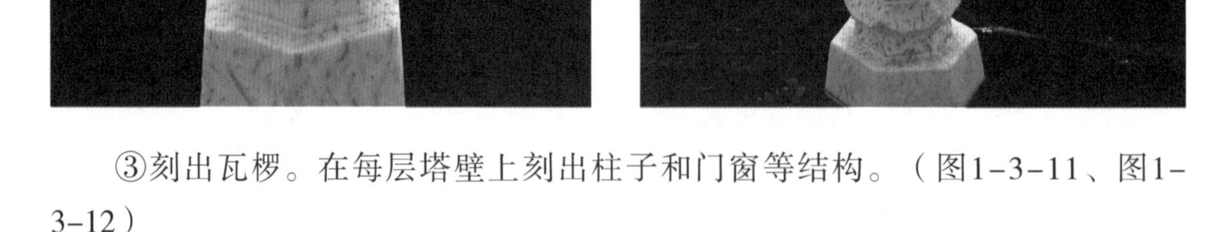

图1-3-11
图1-3-12
图1-3-13

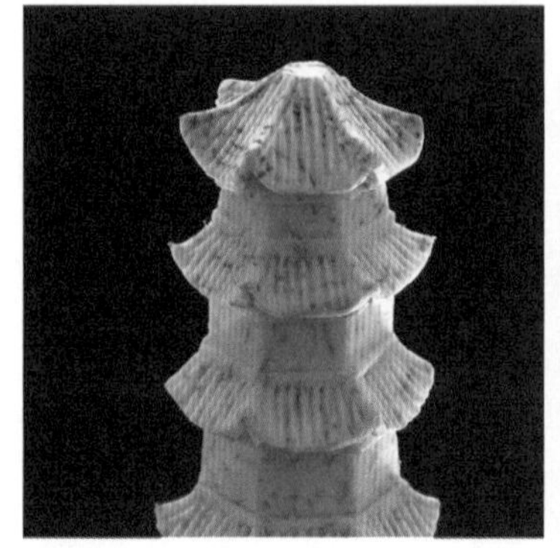
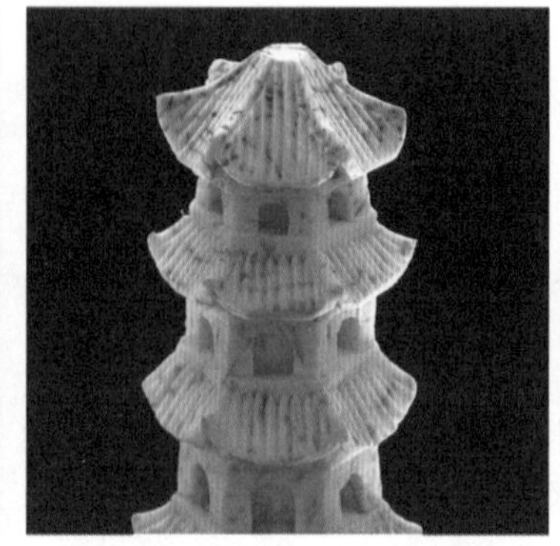

⑤在基座部位刻出台阶等结构并组装成形。（图1-3-14）

图1-3-14

成品要求

①塔面等分均匀，层次分明，塔形如春笋，瘦削挺拔，塔顶如盖，塔刹如瓶。

②刀具、刀法运用熟练，成品无刀痕。

行家点拨

①各层塔面高度要合理控制，约为层高的一半。

②层高由上而下应该按照同一比例逐渐增高（约1：1.1）。

③在雕刻各层塔檐时，每个侧面所去废料厚度应该相等，否则会出现塔身歪斜的现象。

拓展训练

①思考与分析：塔有哪些常见造型？雕刻塔有哪些操作要领和注意事项？请深入了解中国山西著名的应县木塔，尤其是其建筑原理。

②塔造型训练（图1-3-15、图1-3-16）。

图1-3-15/塔造型训练1

图1-3-16/塔造型训练2

项目二　花卉雕刻

项目描述

花卉姿态万千，它以蓬勃的生机、绚丽的色彩和沁人心脾的芳香，深受人们的喜爱，让人感到心情舒畅。花卉作为雕刻素材运用广泛，既可以用作大型展台展示，也可以用作菜肴点缀装饰。

在食品雕刻中，花卉雕刻的种类非常多，形态各异，所使用的雕刻刀法、技巧也各有不同。本部分内容选取日常较为熟悉的花卉，花形美观，应用广泛，在雕刻刀法和技巧上具有典型性，制作方法有一定代表性。

项目目标

①掌握花卉的结构形态、各品种花卉的雕刻程序及操作要领。

②掌握食品雕刻切、削、旋、刻等刀法。

③了解我国的国花与中华民族的精神与品质有哪些相似之处。

④激发对生活的热爱，培养守正创新的精神。

项目实施

任务一　花卉雕刻基础知识

主题知识

一、花

虽然每种花的样式不同，但是大多数花仍有共同的结构，花一般由花梗（花柄）、花托、花萼、雌蕊、雄蕊、花瓣六部分组成（图2–1–1）。

花瓣：花瓣鲜艳美丽，多姿多彩，是雕刻的主要对象。根据花瓣的数量和

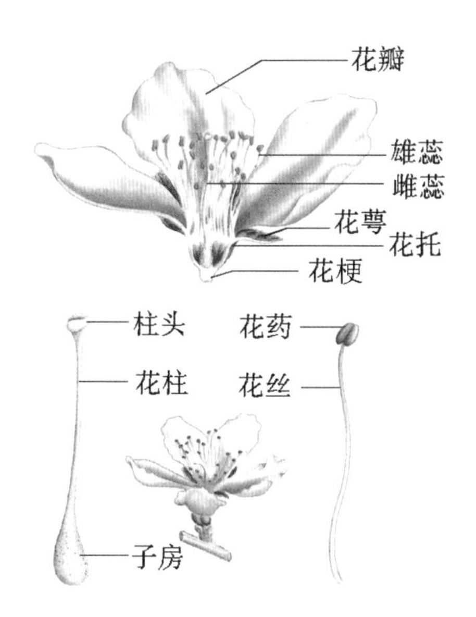

图2-1-1/花的结构

层次多少，花可分为复瓣花和单瓣花。复瓣花瓣数层次多；单瓣花多数花瓣数量少，而且生长在一个层次上，一般从两个瓣到十数个瓣不等。例如，虎刺梅为两瓣（或四瓣），苹果花、梨花为五瓣。有些花，如梅花、山茶花、水仙花等，既有单瓣品种又有复瓣品种。有些花瓣的瓣根连在一起，长成一体，如百合花、杜鹃花、茉莉花等。

花蒂：花蒂主要由花梗、花托和花萼组成。有些花不生花萼，有些花的花萼瓣化或部分瓣化。不同花的花萼形状和数量不同，花梗的长短粗细也不尽相同。

花蕊：花蕊一般由雌蕊和雄蕊组成，雌蕊多为一枚，由柱头、花柱、子房组成。雄蕊数量较多，环生于雌蕊周围，由花丝、花药组成。花药由于数量多，颜色鲜明，常作为花的精神所在被重点描绘。

瓣形与花形：花瓣常见的基本形状大致有圆形、舌形、菱形、梭形等。一般单瓣花的花形多呈盘形、碗形，如百日草、郁金香等。复瓣花的花形多为球形、半球形。此外，还有喇叭形的牵牛花、蝶形的紫藤花。

二、叶

叶起着衬托花的作用，形状多样而富于变化，因此叶也是花卉雕刻中的重要组成部分。叶一般由叶柄和叶片构成，有些叶的叶柄基部生有托叶，有些则没有托叶（图2-1-2）。

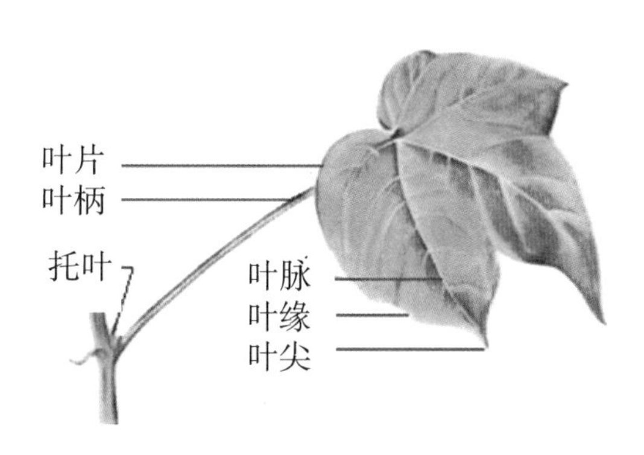

图2-1-2/叶的结构

叶柄：叶柄是叶片与茎的连接部分，通常呈现圆柱、扁平、带翅等形状，叶柄有长有短，有粗有细。多数叶有叶柄，但也有没有叶柄的，如诸葛菜等。

叶片：叶片的形态包括整个叶片的外形，包括叶尖、叶脉、叶缘几个特征性状。叶脉的走向以及叶片的顶端（叶尖）、边缘（叶缘）的形态是区分植物种类的重要性状之一。叶脉主要有平行脉和网状脉两类：一般带状叶多为平行脉，如兰花、君子兰等的叶；团形叶多为网状脉，如葡萄、海棠花、月季花等的叶。

托叶：托叶生于叶柄与茎的连接处，豌豆、菊花的托叶较明显。

三、茎

花茎多为直立茎，此外还有缠绕茎（如牵牛花、紫藤花），攀缘茎（如常春藤），匍匐茎（如草莓）等。地下茎有根状茎、块状茎、球茎、鳞茎等。

四、花卉雕刻的要领及注意事项

花卉的雕刻相对而言是比较简单的，但要雕刻得生动形象，对基本功的要求非常高。通过勤学苦练做到"眼到、心到、手到"，是学好花卉雕刻的关键。

（一）熟练运用刀具、刀法

雕刻每一种花卉有特定的刀具、刀法。例如，菊花、大丽花的花瓣使用U型戳刀或V型戳刀可以轻松地雕刻出来，虽然用平口刀雕刻其花瓣也可以成形，但是没有那么方便、快捷，而且造型也不一定准确。刀具是否锋利会影响花瓣的厚薄和平整度，钝刀雕刻起来力度不好控制，而且容易割到手。

（二）了解原料的质地

俗话说"巧妇难为无米之炊。"雕刻技艺再高超，如果没有好的原料也雕刻不出优秀的作品来。特别是在炎热的夏季，原料一定要新鲜，不然在雕刻一些复杂或大型的作品时，还没完成原料就变质、腐烂了。另外，对于不同质地的原料，刀法也各有不同。例如，脆性原料可以使用直切、削等刀法，韧性原料就要使用锯切、推拉刻等刀法。所以，对雕刻原料质地的认识尤为重要。

（三）抓住花卉花瓣的形态特征

花瓣的形态特征直接影响成品是否形象，在雕刻之前要注意观察花瓣的形态特征，可以先在纸上试着画出草图再进行雕刻，这样学习花卉雕刻可以事半功倍。

（四）废料去除干净

在雕刻过程中，去净废料关键要控制好下刀的角度和深度。去除废料一般要用两刀，前一刀和后一刀要相交，使废料轻松脱落。切记去除废料不可用刀尖多次剔或用手抠。

任务二 花卉雕刻——大丽花

主题知识

大丽花（图2-2-1、图2-2-2）又叫大丽菊、天竺牡丹、苕牡丹、地瓜花、大理花、西番莲、洋菊，是菊科多年生草本，色彩瑰丽鲜艳，惹人喜爱。大丽花，从花形看，有菊形、莲形、芍药形、蟹爪形等，小的似酒盅口大小，大的超过30厘米。它们的颜色绚丽多彩，不仅有红、黄、橙、紫、淡红和白色等单色，凸显简单朴素，更有多种颜色并存的复色，如白色花瓣里镶着红色条纹。其花瓣还有重瓣和单瓣之分。重瓣的大丽花雍容华贵，富丽堂皇，堪与牡丹花媲美，因此又得名“天竺牡丹”。

图2-2-1/大丽花1
图2-2-2/大丽花2

大丽花根据花瓣的形状分为尖瓣大丽花和圆瓣大丽花，花的整体呈半球型。大丽花在花卉雕刻中比较简单，重点在于平口刀、U型戳刀和V型戳刀的配合使用。

任务实施

大丽花的雕刻

工具：平口刀、U型戳刀、V型戳刀。

原料：心里美萝卜（或南瓜、胡萝卜）等。

雕刻方法

①取一块原料，将原料修成半球形。（图2-2-3、图2-2-4）

图2-2-3
图2-2-4

②在顶部用U型戳刀戳出一个深为坯1/4深度的圆柱，圆柱的直径为坯体直径的1/6～1/5。将圆柱周围的原料去掉一层，用V型戳刀在圆柱外边戳出花蕊。（图2-2-5、图2-2-6）

图2-2-5
图2-2-6

③围绕花蕊，先用小号V型戳刀并排戳一圈V型槽，再换略大一号的槽刀沿着V型槽处戳出第一层花瓣（花瓣根部略厚），然后在花瓣下面薄薄地去掉一层废料，使花瓣层次分明。用同样的方法逐层往下雕刻（每片花瓣都夹在上一层两片花瓣之间），一共雕刻4～5层。（图2-2-7～图2-2-12）

图2-2-7
图2-2-8

图2-2-9
图2-2-10

图2-2-11
图2-2-12

④最后将底部废料去除，整理修饰（图2-2-13、图2-2-14）。

图2-2-13
图2-2-14

成品要求

①花形整体呈半球形，形态逼真。

②花瓣大小、长短变化过渡自然。

③花瓣厚薄均匀、完整。

④刀法熟练，废料去净，无残留。

行家点拨

①顶部花蕊的直径为坯体直径的1/6～1/5。

②每层花瓣的数量相同，一层一般控制在8～10瓣。

③下一层花瓣的位置一定是在上一层花瓣交叉处，才能做到层次分明、错落有致。

④去废料时要求一次性割断与取下，关键在于下刀的深度和力量的控制。

拓展训练

①思考与分析：大丽花和金盏菊的造型有什么不同？雕刻大丽花要注意哪些地方？

②金盏菊造型训练（图2-2-15、图2-2-16）。

图2-2-15 / 金盏菊造型训练1
图2-2-16 / 金盏菊造型训练2

任务三　花卉雕刻——杜鹃花

主题知识

杜鹃花种类繁多，花色绚丽，花、叶兼美，地栽、盆栽皆宜，是中国十大传统名花之一。

杜鹃花被人们誉为“花中西施”，十分美丽，有深红、淡红（图2-3-1）、玫瑰红、紫、白（图2-3-2）等多种颜色。当杜鹃花开放时，满山鲜艳，像彩霞绕林。

图2-3-1 / 杜鹃花1
图2-3-2 / 杜鹃花2

杜鹃花的食品雕刻比较常见，“快速、省料、易学”，因此在围边、点缀和盘饰中占据优势。

任务实施

杜鹃花的雕刻

工具：切刀、平口刀、U型戳刀。

原料：心里美萝卜、胡萝卜等。

雕刻方法

①制坯。将心里美萝卜用平口刀修刻出六棱锥形的杜鹃花坯形体（图2-3-3）。

②雕刻花瓣。用U型戳刀戳出杜鹃花花瓣的轮廓，用平口刀修出花瓣外沿轮廓。每雕刻一片花瓣时，将雕刻上一片花瓣留下的痕迹修平整再雕刻下一片花瓣（图2-3-4 ~ 图2-3-10）。

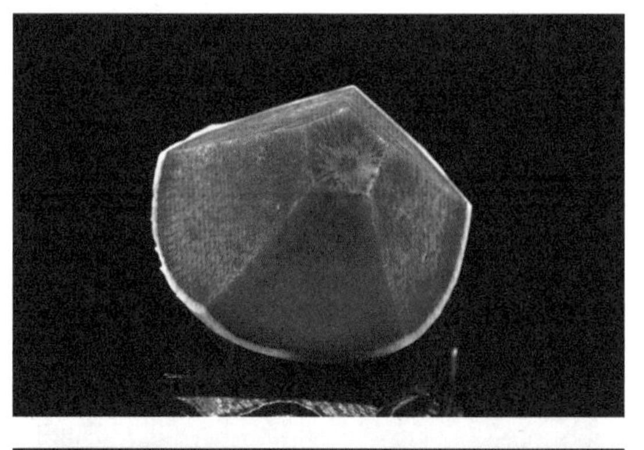

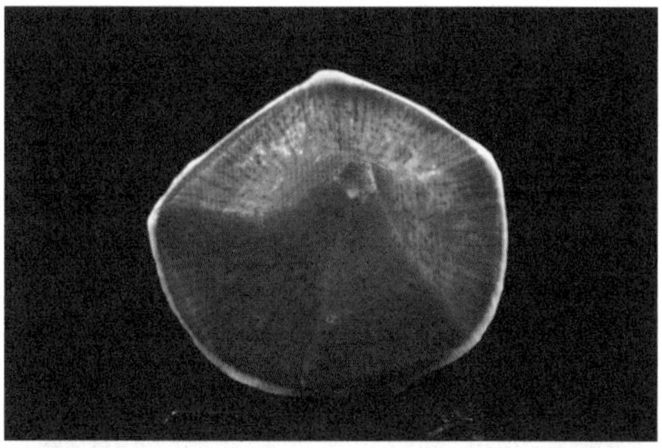

图2-3-3
图2-3-4

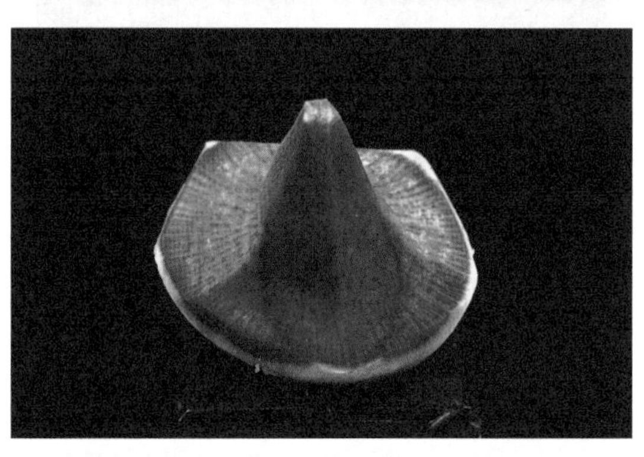

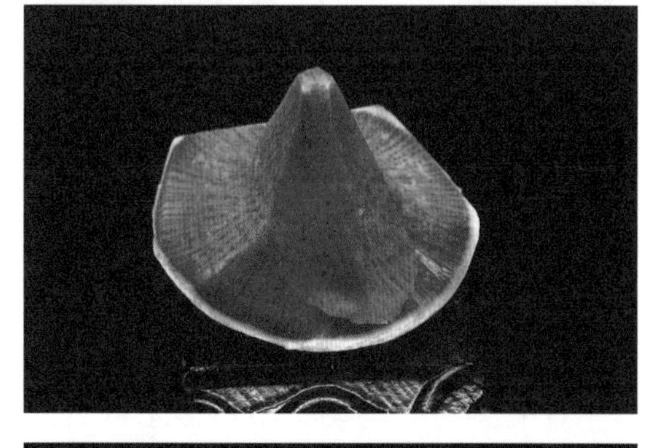

图2-3-5
图2-3-6

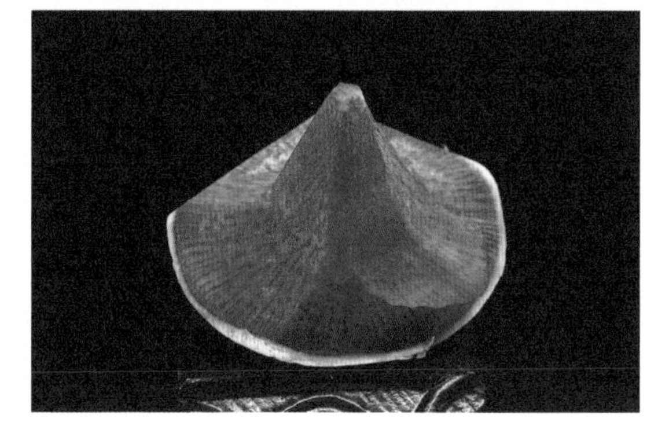

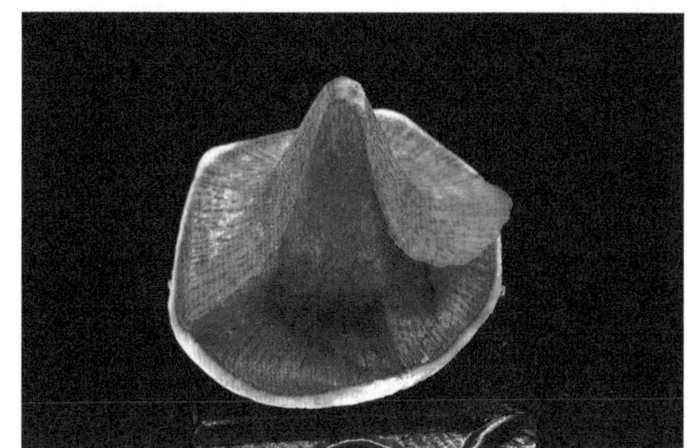

图2-3-7
图2-3-8

图2-3-9
图2-3-10

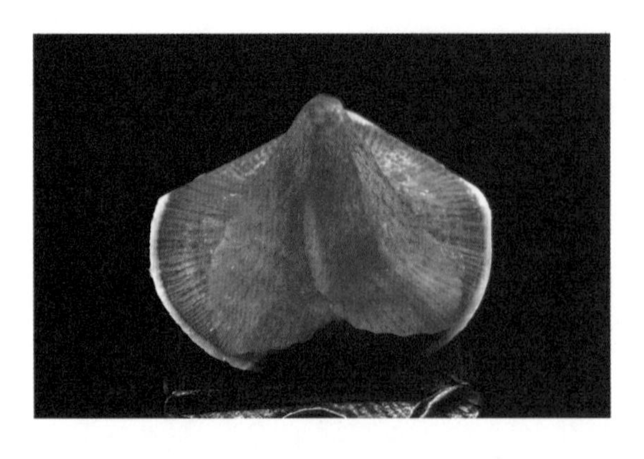

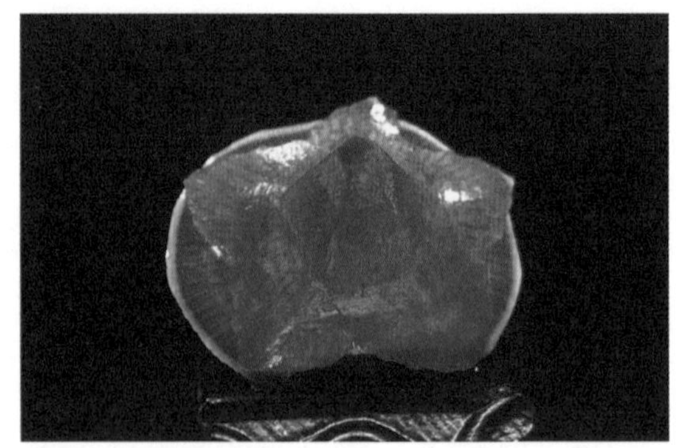

③用内旋法将雕刻剩余的废料去除干净，凸显整朵花（图2-3-11、图2-3-12）。

图2-3-11
图2-3-12

④另取胡萝卜雕刻细丝状的花蕊，组装，点缀上绿叶即可（图2-3-13、图2-3-14）。

图2-3-13
图2-3-14

成品要求

①花瓣分布均匀、整体形态自然美观。

②花瓣大小、厚薄均匀，层次分明。

③废料去除干净，无破损。

行家点拨

①注意每片花瓣都要交叉重叠，交叉重叠部分约占花瓣的1/3。

②花瓣为波浪形状，边缘要薄，根部略厚。

③花蕊为细丝状，要控制好粗细和长短。

拓展训练

①思考与分析：杜鹃花的结构有什么特点？雕刻杜鹃花要注意哪些要求？

②百合花造型训练（图2–3–15、图2–3–16）。

图2–3–15/百合花造型训练1
图2–3–16/百合花造型训练2

任务四　花卉雕刻——菊花

主题知识

菊花是中国传统名花，与梅、兰、竹并称为“四君子”，也是世界四大切花（菊花、月季花、康乃馨、唐菖蒲）之一。菊花不仅是中国文人人格和气节的写照，而且被赋予了广泛而深远的象征意义。

菊花的瓣形分为平瓣、匙瓣（图2–4–1）、管瓣（图2–4–2）、桂瓣、畸瓣。

图2–4–1/匙瓣
图2–4–2/管瓣

平瓣：舌状花呈平面伸展，依瓣的阔狭分为阔瓣（花瓣最阔处2厘米以上）、中瓣（花瓣最阔处1～2厘米）、狭瓣（花瓣最阔处1厘米以下）。

匙瓣：舌状花为平瓣与管瓣之间的中间型，花瓣基部连合部分比平瓣长，花瓣先端展开如匙，称为“匙片”。匙瓣又依匙片的长短可分为长匙瓣、中匙瓣和短匙瓣，依形状又有直伸、内曲和反卷之分。

管瓣：舌状花呈管状伸展，依管的先端开口或封闭分为开管或闭管，又依管的粗细分为粗管（管中部直径在0.6厘米以上）、中管（管中部直径0.3～0.6厘米）和细管（管中部直径在0.3厘米以下）。

桂瓣：舌状花为平瓣或匙瓣或管瓣1～3轮。筒状花变为桂瓣状（或称星管状）。

畸瓣：花瓣奇特，可分为毛刺瓣、龙爪瓣和剪绒瓣。

在食品雕刻中，菊花雕刻的品种同样很多，主要根据成品花瓣的形状和所使用的原料给雕刻的菊花命名。例如，花瓣细长的叫“长丝菊”，用大白菜雕刻的叫“白菜菊”。其中最基础、最具代表性的就是直瓣菊，其他菊花花瓣的形状虽然不同，但雕刻的步骤、方法、刀法基本相同。

任务实施

菊花的雕刻

工具：切刀、平口刀、U型戳刀。

原料：心里美萝卜（南瓜、大白菜）等。

雕刻方法

①制作花坯，用平口刀将原料修成鼓形（图2-4-3、图2-4-4）。

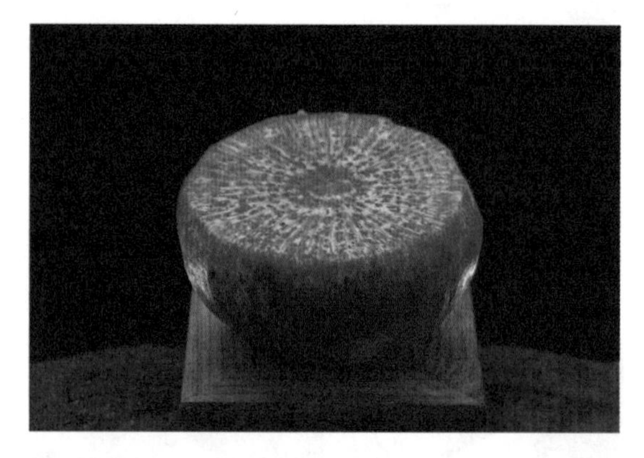

图2-4-3

图2-4-4

②用U型戳刀直戳的刀法在坯体外部从上到下直戳到底部，一片花瓣就刻成了。按照同样方法刻出第一层全部花瓣（图2-4-5）。

③用平口刀从下往上顺着原料的弧度把雕刻第一层花瓣时留下的凹槽削平整，并修成鼓形（图2-4-6）。

图2-4-5

图2-4-6

④用雕刻第一层花瓣的方法雕刻余下的各层花瓣，直至花心，花瓣的长度逐渐变短（图2-4-7 ~ 图2-4-13）。

图2-4-7
图2-4-8

图2-4-9
图2-4-10

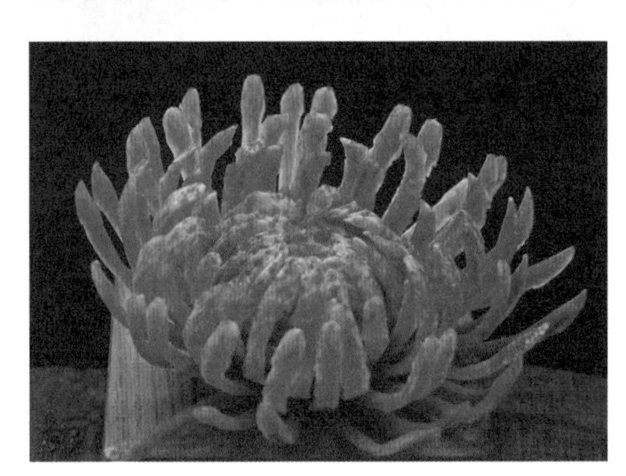

图2-4-11
图2-4-12

⑤整理修饰，点缀上绿叶即可（图2-4-14）。

图2-4-13
图2-4-14

成品要求

①造型完整、自然、美观。

②花瓣自然弯曲、粗细均匀、完整，各层花瓣长短过渡自然。

③花心大小适当，呈丝状包裹。

④废料去除干净，无残留。

行家点拨

①手持U型戳刀要稳，用力要均匀。

②花瓣根部略粗，可以在U型戳刀雕刻至底部时增大戳刀与原料的角度。

③注意每一层花瓣的角度变化，花瓣根部间隔要紧密。

拓展训练

①思考与分析：菊花花瓣有哪些造型？如何才能使雕刻的菊花花瓣自然弯曲？

②用南瓜和大白菜雕刻各种菊花（图2-4-15、图2-4-16）。

图2-4-15/菊花造型训练1
图2-4-16/菊花造型训练2

任务五　花卉雕刻——喇叭花

主题知识

喇叭花花冠呈喇叭形，花色有粉红、白（图2-5-1）、蓝紫（图2-5-2）及复色多种。喇叭花虽然很平凡，不及其他花卉名贵艳丽，但它的质朴也受到很多人的喜爱。

喇叭花的雕刻方法有别于其他花卉，是在修好的坯体上雕刻出花瓣，再将整朵花取下来。喇叭花雕刻快，成形容易，适合用作各种盘饰。喇叭花结构简单，形

图2-5-1/喇叭花1
图2-5-2/喇叭花2

状一目了然，但是要雕刻出完整、光滑、外翻自然的花形，也不是一件易事，通过学习雕刻喇叭花，初学者应能够熟练掌握内旋法雕刻技巧。

任务实施

喇叭花的雕刻

工具：平口刀、U型戳刀。

原料：心里美萝卜、胡萝卜、黄瓜等。

雕刻方法

①制坯。将心里美萝卜用平口刀修刻出喇叭花的圆锥形（图2-5-3、图2-5-4）。

图2-5-3
图2-5-4

②雕刻花托。在圆锥形坯3/4位置处用U型戳刀环戳一圈，用平口刀刻出花托（图2-5-5、图2-5-6）。

图2-5-5
图2-5-6

③雕刻花瓣。用平口刀沿框线旋刻出花瓣，注意花瓣5瓣，完全合生，花瓣大小基本均匀（图2–5–7、图2–5–8）。

图2–5–7
图2–5–8

④去除废料。将刀尖对准花的中心，切断主坯与花瓣的连接处，慢慢让整朵花脱离下来（图2–5–9）。

⑤组装花蕊、花萼。胡萝卜（带皮）切成5~6根细丝作为花蕊，黄瓜皮做成花萼，点缀完成作品（图2–5–10、图2–5–11）。

图2–5–9
图2–5–10

图2–5–11

成品要求

①造型完整，无残缺，形象逼真。

②花瓣厚薄适中，边缘自然翻卷，平整光滑。

③废料去除干净，无刀痕。

行家点拨

①雕刻花瓣要一气呵成，注意坯体的角度，一般需要内旋三圈，花瓣才可以成形。

②去废料时刀刃略往外走，这样废料容易去除干净。

拓展训练

①思考与分析：喇叭花和凌霄花的造型有什么不同？雕刻喇叭花要注意哪些地方？

②用内旋法雕刻凌霄花（图2-5-12）和三裂叶薯（图2-5-13）。

图2-5-12/凌霄花造型训练
图2-5-13/三裂叶薯造型训练

任务六　花卉雕刻——马蹄莲

主题知识

马蹄莲，天南星科马蹄莲属多年生粗壮草本。叶基生，叶下部具鞘，叶片较厚，绿色，心状箭形或箭形，先端锐尖、渐尖或具尾状尖头，基部心形或戟形。

马蹄莲代表虔诚和永恒以及纯洁、纯净的友爱。花色有白（图2-6-1）、红（图2-6-2）、黄、银星、紫斑等。

图2-6-1/马蹄莲1
图2-6-2/马蹄莲2

马蹄莲和喇叭花一样，采用内旋法雕刻，不同的是花瓣是斜口的。要雕刻出花瓣平整光滑、自然翻卷的神韵，初学者需要熟练掌握刀法，找准圆心。

任务实施

马蹄莲的雕刻

工具：切刀。

原料：香芋（或白萝卜、青萝卜、胡萝卜），南瓜（或心里美萝卜、胡萝卜）等。

雕刻方法

①制坯。将香芋斜刀切，使得截面为椭圆形（图2-6-3、图2-6-4）。

图2-6-3
图2-6-4

②打边。由于马蹄莲花瓣的边缘呈弧线形外翻，因此雕刻时需要将坯体刻出斜边。注意进刀时须维持刀体和原料截面成30°～45°的夹角，然后沿着斜边的外沿用刀尖划出“♡”形（图2-6-5～图2-6-9）。

图2-6-5
图2-6-6

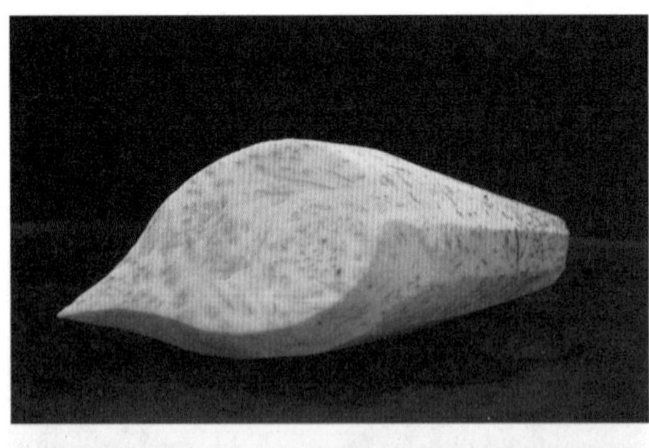

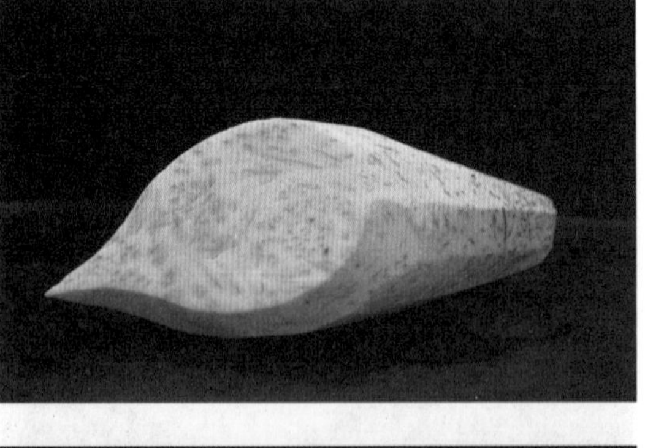

图2-6-7
图2-6-8

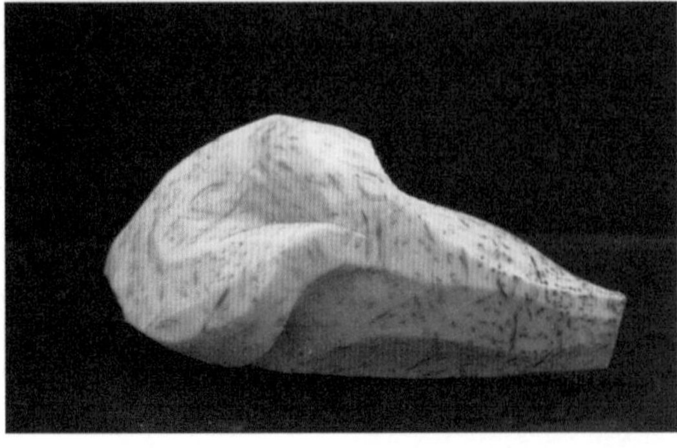

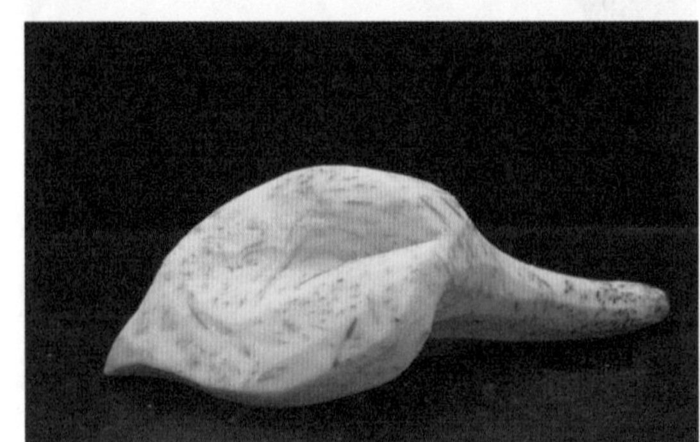

③雕刻花瓣。将花坯倒过来，以花托为点，绕着旋刻3～4圈，去除废料，最后修整圆滑，使其厚薄适当、自然（图2-6-10）。

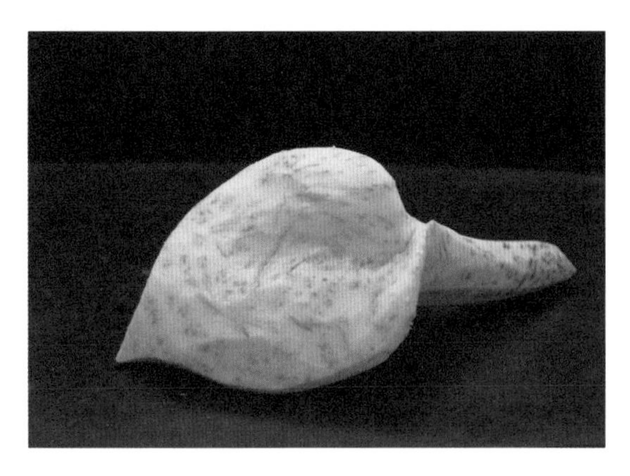

图2-6-9
图2-6-10

④雕刻花蕊并组装。用另外颜色的原料（如南瓜、心里美萝卜、胡萝卜）修出花蕊，组装成形，整理修饰完成作品（图2-6-11、图2-6-12）。

图2-6-11
图2-6-12

成品要求

①造型完整，形象逼真。

②花瓣整体厚薄均匀，边缘翻卷自然。

③花蕊长短、粗细恰当。

④刀法娴熟，废料去除干净，无刀痕。

行家点拨

①花瓣斜边的宽度不能太窄，否则边缘不能外翻。

②雕刻花瓣时根据坯体形状调整进刀的角度。

③雕刻好的马蹄莲花瓣边缘不能外翻时，可以在花瓣边缘适当抹些盐，再用手往外翻卷。

拓展训练

①思考与分析：雕刻马蹄莲时，如何操作才能使花瓣厚薄均匀且无破损？

②火鹤造型训练（图2-6-13、图2-6-14）。

图2-6-13/火鹤造型训练1
图2-6-15/火鹤造型训练2

任务七 花卉雕刻——荷花

主题知识

荷花叶盾状圆形，表面深绿色，被蜡质白粉覆盖，背面灰绿色，全缘并呈波状。叶柄圆柱形，密生倒刺。花单生于花梗顶端、高托于水面之上，有单瓣、复瓣、重瓣及重台等花形，花色有白（图2-7-1）、粉（图2-7-2）、深红、淡紫和间色等变化。

图2-7-1/荷花1
图2-7-2/荷花2

荷花代表坚贞、纯洁，也是谦逊、恬谧、自守晏清形象的写照。象征清廉是因为"青莲"谐音"清廉"。象征爱情是因为荷花别名水芙蓉或云水芙蓉。"芙蓉"者，"夫容"也。又白居易《长恨歌》云"芙蓉如面柳如眉"，因此，荷花常用来象征爱情。"水芙蓉"之"蓉"谐音"荣"。荷花和牡丹花在一起称为"荣华富贵"。荷花和鹭鸶一起称为"一路荣华"。牡丹花、荷花和白头翁一起称为"富贵荣华到白头"。

在花卉雕刻中，荷花的雕刻难度相对较大，在雕刻过程中使用了多种雕刻技法，主要是旋刀法。雕刻时在花形上要注意把荷花花瓣的凹勺形效果表现出来，这是荷花雕刻的关键。

任务实施

荷花的雕刻

工具：平口刀、U型戳刀。

原料：心里美萝卜（或南瓜、洋葱）等。

雕刻方法

①制坯。将心里美萝卜对半剖开，稍加修整，使其成为碗形。若用南瓜等其他原料，也须截一块修成碗形，再把原料修成正五棱台（图2–7–3、图2–7–4）。

图2–7–3
图2–7–4

②在坯体的五个面上画出荷花的花瓣，并顺着坯体的弧度雕刻出第一层花瓣。注意在雕刻花瓣时不要用力过猛，花瓣厚薄均匀，边缘薄，根部略厚（图2–7–5 ~ 图2–7–7）。

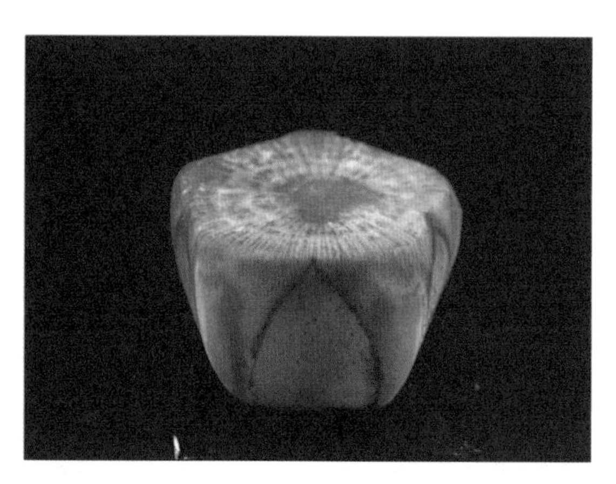

图2–7–5
图2–7–6

③在第一层的每两片花瓣之间修出一个弧面，使剩余的原料呈中间大两头小的五棱台。用雕刻第一层花瓣的方法雕刻出第二层。注意刀尖要到达与第一层花瓣同样的深度，花瓣厚薄恰当、均匀。继续用同样的方法刻出第三层花瓣（图2–7–8 ~ 图2–7–12）。

图2-7-7
图2-7-8

图2-7-9
图2-7-10

图2-7-11
图2-7-12

④将剩余的原料修成圆柱体，用U型戳刀在圆柱体上戳出两圈丝状的花蕊（图2-7-13～图2-7-15）。

图2-7-13
图2-7-14

⑤把雕刻花蕊后的凹状戳痕修平整，使圆柱体呈上粗下细状。用平口刀把圆柱体切掉一半，修成中间高边缘矮，侧面修成波浪形，再用U型戳刀在边缘戳一圈装饰线（图2-7-16～图2-7-18）。

图2-7-15
图2-7-16

图2-7-17
图2-7-18

⑥用U型戳刀戳出装莲子的孔，用绿色原料做成莲子装入孔中，整理修饰，组装成形（图2-7-19 ~ 图2-7-21）。

图2-7-19
图2-7-20

图2-7-21

成品要求

①造型完整无残缺，形象逼真。

②花瓣厚薄均匀、层次分明，凹勺形花瓣自然、美观。

③莲蓬上大下小，中间略高于边缘，莲子分布自然。

行家点拨

①雕刻坯体时，注意要中间粗、两头细，这样雕刻出的花瓣才会形成凹勺形。

②去废料一定要去到底、去干净，刀尖要紧贴上层花瓣根部，否则废料不能一次性割断。

③雕刻内层花瓣时刀尖要尽量朝向外层花瓣的根部，只有这样花心才能包起来。

拓展训练

①思考与分析：荷花和睡莲的造型有什么不同？如何才能使雕刻出的花瓣的凹勺形形态自然？

②睡莲造型训练（图2–7–22、图2–7–23）。

图2–7–22/睡莲造型训练1
图2–7–23/睡莲造型训练2

任务八　花卉雕刻——月季花

主题知识

月季花被称为花中皇后，又称“月月红”，是常绿、半常绿低矮灌木。月季花花形多样，有单瓣和重瓣，还有高心卷边等优美花形；其色彩艳丽、丰富，不仅有红、粉（图2–8–1）、黄（图2–8–2）、白等单色，还有混色、银边等品种。

雕刻月季花综合使用了切、旋、刻等主要刀法，因此，月季花雕刻是花卉雕刻中最重要的，能雕刻月季花就能轻松雕刻其他花卉。月季花的花瓣为圆形，但是花瓣边缘自然外翻，看上去有点像桃尖形，所以在雕刻时可以将花瓣雕刻成桃尖形，这样处理会使雕刻的月季花更加生动、逼真。

图2-8-1/月季花1
图2-8-2/月季花2

任务实施

月季花的雕刻

工具：平口刀。

原料：心里美萝卜（或南瓜、胡萝卜）等。

雕刻方法

①将心里美萝卜对半切开，修成碗状（图2-8-3）。

②从底端选五个点、削出五个相等的扇形平面，再将平面修出圆边。用平口刀由上至下雕刻出第一层花瓣（图2-8-4～图2-8-6）。

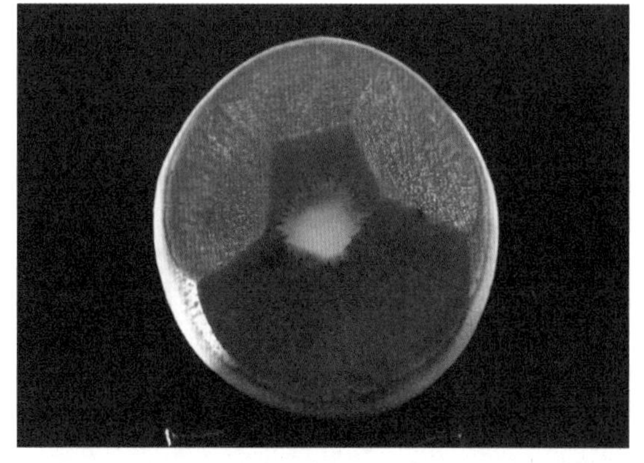

图2-8-3
图2-8-4

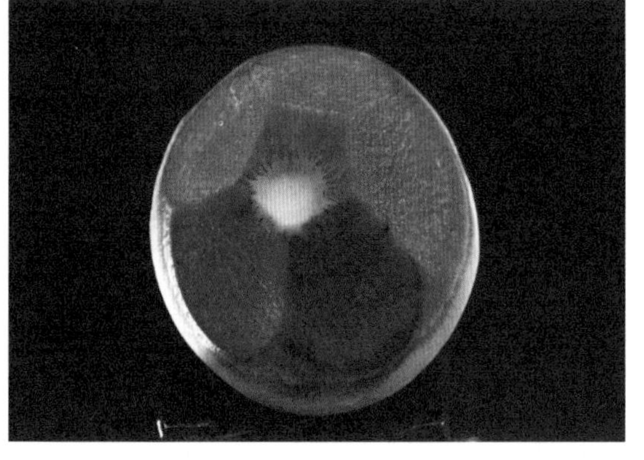

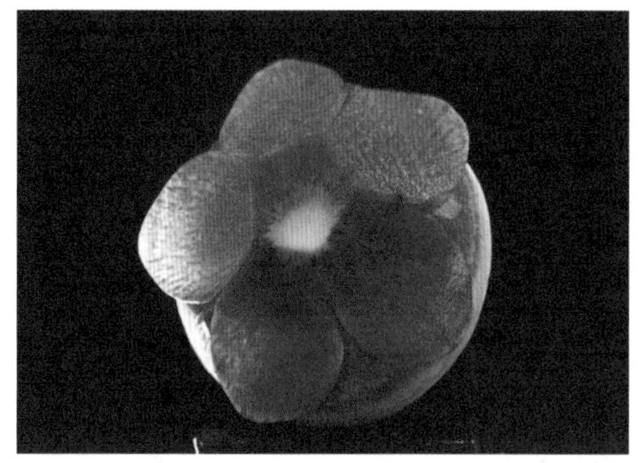

图2-8-5
图2-8-6

③把第一层每两片花瓣之间的棱角修掉，并在第一层任意两片花瓣之间刻出第二层的第一片花瓣。用同样的方法刻出余下的花瓣，但要注意相邻的两片花瓣应该有所重叠（约重叠1/3）（图2–8–7 ~ 图2–8–14）。

图2–8–7
图2–8–8

图2–8–9
图2–8–10

图2–8–11
图2–8–12

图2–8–13
图2–8–14

④雕刻第三、第四层两层花瓣的方法与第二层相同，注意从第三层开始每一层少一片花瓣（图2–8–15 ~ 图2–8–17）。

图2–8–15
图2–8–16

⑤月季花一般都是雕刻含苞欲放的，只要把花心雕刻成花苞即可。点缀绿叶，组装成形（图2–8–18 ~ 图2–8–19）。

图2–8–17
图2–8–18

成品要求

①造型完整，形象生动、逼真。

②花瓣大小、厚薄、层次、间距均匀，无残缺。

③花心花瓣略矮于外层花瓣。

④废料去除干净，无残留。

图2–8–19

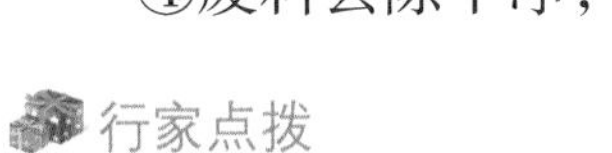

行家点拨

①注意在雕刻花瓣时不要用力过猛，从头至尾用力均匀才能雕刻出厚薄均匀、平整的花瓣。

②去除废料时注意刀尖的深度和角度，刀尖要紧贴上层花瓣根部，否则废料不能一次性去除干净。

③花心花瓣比外层花瓣矮些，雕刻花心时刀尖要尽量朝向外层花瓣的根部，这样花心才能包起来。

拓展训练

①思考与分析：月季花和山茶花、玫瑰花的造型有什么不同？雕刻月季花要注意哪些方面？

②山茶花（图2-8-20）和玫瑰花（图2-8-21）造型训练。

图2-8-20/山茶花造型训练
图2-8-21/玫瑰花造型训练

任务九　花卉雕刻——牡丹花

主题知识

牡丹花（图2-9-1、图2-9-2）是中国的国花。牡丹花开花时，繁花似锦，象征着全国人民对明天美好生活的憧憬，同时寓意着国家的繁荣和昌盛。它起源于中国，栽培历史悠久、适应性强、分布广泛、品种资源丰富，花色美丽大气，素有“花中之王”的美誉。牡丹花大而香，故又有“国色天香”之称。

图2-9-1/牡丹花1
图2-9-2/牡丹花2

在食品雕刻中，牡丹花的雕刻方法有很多种，主要分为整雕和组雕两种，其他都大同小异，在平时大多运用组雕方式。组雕是在传统花卉雕刻技法的基础上，经过不断探索、创新的一种花卉雕刻技法。禽鸟、畜兽雕刻一般采用组雕，因此，牡丹花雕刻是从花卉雕刻向禽鸟、畜兽雕刻过渡的基础。

任务实施

牡丹花的雕刻

工具：平口刀等。

原料：心里美萝卜（或南瓜、白萝卜、青萝卜）等。

雕刻方法

①制坯。选一块碗状心里美萝卜，旋去一块废料，形成凹面（图2–9–3、图2–9–4）。

图2–9–3
图2–9–4

②沿凹面依次雕刻第一层花瓣（共五瓣，花瓣成波浪形，花瓣底部1/3重叠交错）。用同样的方法在第一层两片花瓣之间刻出第二层的第一片花瓣，重复前面的操作方法，逐片刻出其他花瓣（图2–9–5 ~ 图2–9–11）。

图2–9–5
图2–9–6

图2–9–7
图2–9–8

图2-9-9
图2-9-10

③在坯体一端垂直进刀，刻出一个圆柱体（圆柱体的直径和深度为坯体最粗处直径的1/3）。将此圆柱体按照月季花花心的刻法刻成牡丹花花心（图2-9-12、图2-9-13）。

图2-9-11
图2-9-12

④对雕好的牡丹花进行整理修饰、点缀（图2-9-14、图2-9-15）。

图2-9-13
图2-9-14

图2-9-15

成品要求

①造型完整，层次分明，形态自然、美观。

②花瓣边缘薄、根部略厚，边缘呈波浪形，完整无残缺。

③废料去除干净，无残留，刀法熟练，无刀痕。

行家点拨

①去除废料时，一定要使刀尖的运动轨迹在上一层花瓣的根线上，否则废料不能一次性割断。

②相邻的花瓣之间要重叠1/3，每片花瓣要厚薄均匀，花瓣边缘要薄而底部要略厚。

拓展训练

①思考与分析：牡丹花的花瓣有哪些特点？雕刻牡丹花要注意哪些要求？

②康乃馨造型训练（图2–9–16、图2–9–17）。

图2–9–16 / 康乃馨造型训练1
图2–9–17 / 康乃馨造型训练2

项目三　禽鸟雕刻

项目描述

我国禽鸟不仅种类多，而且有许多珍贵的特产种类，如褐马鸡、蓝马鸡、黑长尾雉、蓝鹇、长尾雉、白颈长尾雉、黄腹角雉、绿尾虹雉等。有不少珍贵鸟类，虽然不是我国特产，但主要分布于我国境内，如丹顶鹤和黑颈鹤等。

禽鸟体表被羽毛覆盖，前肢变成翼，大部分具有迅速飞翔的能力。绝大多数禽鸟营树栖生活，少数营地栖生活，水禽类则在水中寻食。

禽鸟雕刻是紧密衔接花卉雕刻的内容。相较于花卉雕刻，禽鸟雕刻结构更加复杂，造型变化更多，步骤更繁杂，雕刻难度更大。但是，禽鸟雕刻和花卉雕刻的刀法和手法是一样的。所以，在掌握花卉雕刻的基础上，学习禽鸟雕刻是水到渠成的。花鸟画是中国画重要的艺术表现形式，花鸟雕刻的有机结合自然而然，当然也是食品雕刻中最常用的一类题材，本项目主要是学习正确把握禽鸟的身体结构特点以及尺寸比例，灵活运用各种刀法雕刻出形态逼真的禽鸟以及花鸟主题作品。

项目目标

①掌握禽鸟的形态结构、各种禽鸟雕刻步骤及操作要领。

②熟练运用刀具、刀法和雕刻技巧。

③学会雕刻常用禽鸟作品。

④了解中华优秀传统文化，夯实文化基础、厚植家国情怀。

项目实施

任务一 禽鸟雕刻基础知识

主题知识

食品雕刻中的禽鸟大多数是在自然界中存在的。食品雕刻是一个艺术创造的过程，不是对原物体的简单复制。正因为如此，我们在雕刻过程中要运用一些艺术加工的手法，如夸张、省略、概括等。要学会抓大形、抓特征、抓比例，要懂得删繁就简。对禽鸟的特点、特征，如鹤的长脖子、鹰的大翅膀等，一定要抓住它们的特点、特征并且适当地夸张处理，对于一些不重要的或繁杂的地方，如一些禽鸟颈部、腹部的羽毛，就可以省略或简化处理。艺术源于生活，又高于生活，是对生活的提炼、加工和再创造。

初学者在学习禽鸟雕刻的时候要循序渐进，遵循先简单后复杂的规律，从禽鸟的各部件、小型禽鸟雕刻开始学习，首先要了解鸟类的形态结构，只有这样才能逐步提高雕刻水平。

禽鸟一般呈纺锤形或蛋形，体被羽毛，长有一对翅膀，有一个坚硬有力的嘴，嘴内无牙有舌，有一对腿爪，腿爪上有鳞片，一般一只脚上有四根趾。在食品雕刻中，一般把鸟类的外部形态分为头、颈、躯干、翅膀、尾、腿爪六个部分。

一、头、颈的结构与雕刻

头部雕刻是禽鸟雕刻的重点。在观察、学习禽鸟雕刻时，要特别注意对不同禽鸟的头加以区别。有些禽鸟头上有冠羽，有些则没有。嘴的形状也有窄尖、长尖、扁圆、短阔、短细、勾状、锥状、楔形等区分（图3-1-1）。禽鸟的颈主要有细长和短粗之分。根据这些特点，在食品雕刻中头、颈的雕刻主要分为无冠禽鸟、有冠禽鸟和长颈禽鸟三种。

图3-1-1/几种嘴形

图3-1-2/禽鸟的躯干

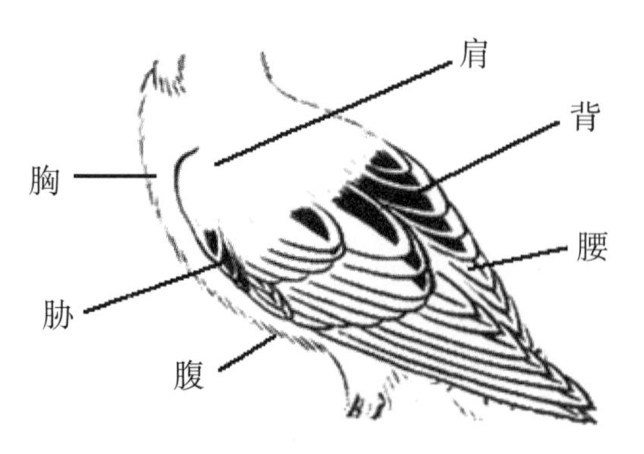

二、躯干的结构与雕刻

禽鸟的躯干呈纺锤形或蛋形，前面连着颈，后面连着尾，是禽鸟身体最大的一部分。上体部分分为肩、背、腰；下体部分分为胸、腹；躯干两侧叫作肋（图3-1-2）。

三、翅膀的结构与雕刻

禽鸟的翅膀是由一对前肢进化而来的，位于躯干上方肩部两侧，两翅之间由肩羽连接覆盖。禽鸟翅膀的大小、宽窄、长短是有区别的，主要有尖翅膀、圆翅膀、宽翅膀、细翅膀、方翅膀等（图3-1-3）。但是，各种禽鸟翅膀的组成结构、形态特征、姿态变化是基本相似的。

图3-1-3/几种翅型

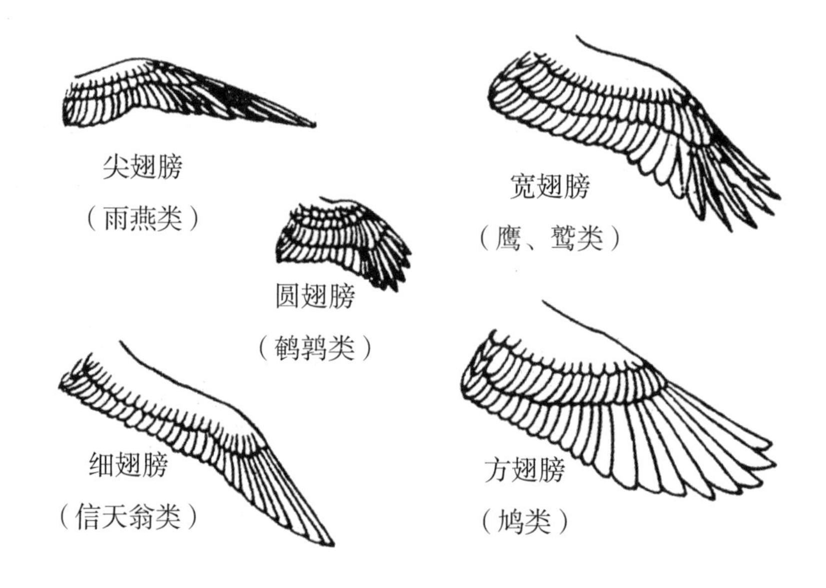

禽鸟翅膀的羽毛主要有覆羽和飞羽两种。覆羽就是将翅膀的皮肉和骨骼覆盖住的那部分羽毛。飞羽就是长在翅膀的顶端和一侧，能像扇子一样展开和收拢的那部分羽毛，其功能主要是用于飞翔，因此称作飞羽。覆羽又分为初级覆羽、大覆羽、中覆羽、小覆羽；飞羽分为初级飞羽、次级飞羽、三级飞羽（图3-1-4）。

禽鸟的翅膀是最重要、最显眼、最能展现禽鸟优美风姿的。因此，在雕刻禽鸟的翅膀时要特别认真、仔细，要把翅膀雕刻得细致精巧。在食品雕刻中，根据翅膀张开的程度，翅膀的雕刻一般分为收翅、亮翅、展翅三种。收翅时，翅膀与躯干紧贴在一起，禽鸟一般呈站立或休息的姿态。亮翅时，翅膀展开，但翅膀的飞羽没有完全打开，禽鸟一般呈起飞或嬉戏的姿态。展翅时，翅膀完全展开，禽鸟呈飞翔或嬉戏的姿态。

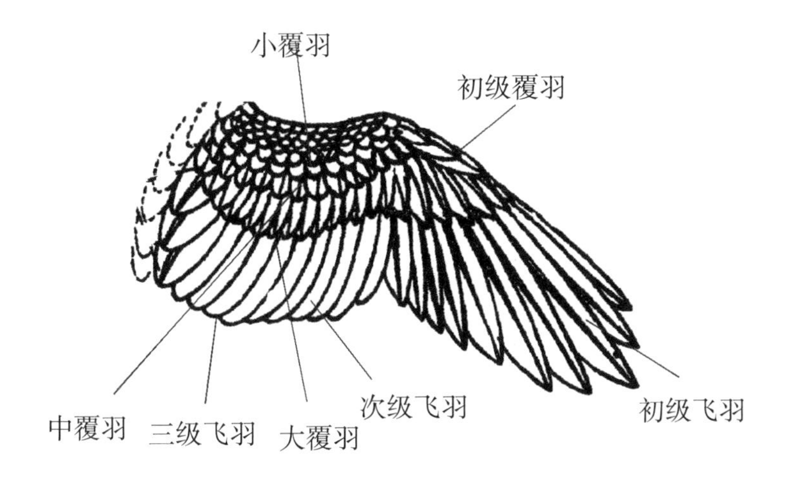

图3-1-4/禽鸟翅膀的结构

四、尾的结构与雕刻

禽鸟尾的结构如图3-1-5所示。

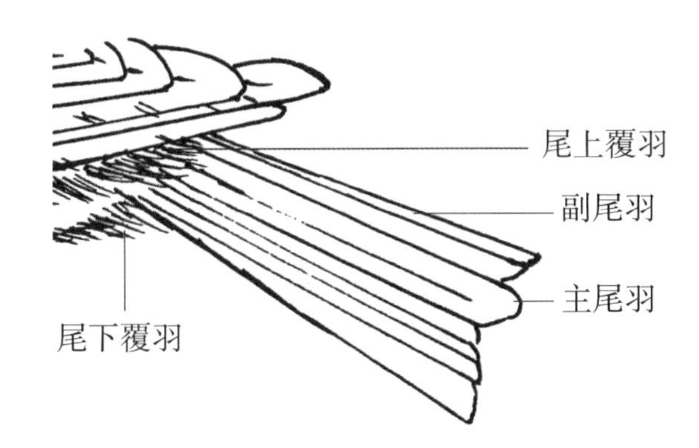

图3-1-5/禽鸟尾的结构

禽鸟的尾在飞行时起控制速度和方向的作用。禽鸟的尾展开时就像一把扇子，合拢时羽毛可以相互重叠，但是最中间的一对羽毛始终在最上面。尾羽由成对的羽毛组成，羽毛一般有10~20片，最多可达到32片，最少的只有4片。禽鸟的尾由主尾羽和副尾羽组成。整体排列是以主尾羽为中心，副尾羽分别排列在两旁。尾的形状因禽鸟的种类而异，有的尾羽长度大致相等，有的尾羽两侧较中间渐次缩短，有的尾羽中间较两侧渐次缩短。

在食品雕刻中，禽鸟的尾一般分为六大类，即圆尾（如麻雀、鹰等），凸尾（如杜鹃、鸭子、天鹅等），凹尾（如相思鸟、绣眼鸟等），燕尾（如燕子、寿带等），平尾（如鹭、鹤、海鸥等），凤尾（如孔雀、凤凰等）（图3-1-6）。

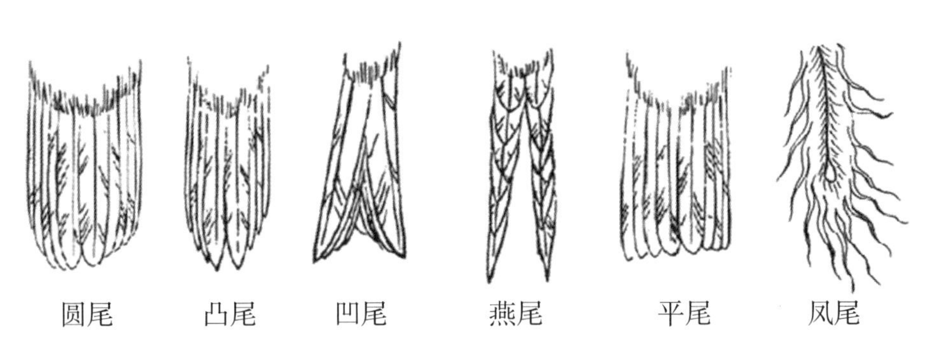

图3-1-6/几种尾型

五、腿爪的结构与雕刻

禽鸟的腿爪就是禽鸟的后肢，从上往下依次为股（大腿）、胫（小腿）、跗趾和趾。股部多隐藏在禽鸟的体内两侧而不外露；胫部大多数有羽毛覆盖；跗趾是鸟腿爪最显露的部分。

在食品雕刻中，出于雕刻习惯，也为了便于理解，一般把禽鸟的胫部叫作禽鸟的大腿，而把禽鸟的跗趾叫作小腿。这和实际的叫法是有区别的。在这点上，学习禽鸟雕刻时一定要注意加以区分。下面提及的禽鸟腿爪各部分的叫法就按照食品雕刻中的习惯叫法。

禽鸟的大腿近似三角形，上有羽毛覆盖。小腿形直且较细，由皮、筋、骨组成，无肌肉，小腿表面有鳞片。大多数禽鸟的一只脚上有四趾，一般为前三（外趾、中趾、内趾）后一（后趾）。在食品雕刻中主要是根据趾的位置、排列方式和结构特点对禽鸟的腿爪进行分类，可以分为离趾足（如雀鸟类、鹰类等），对趾足（如杜鹃、啄木鸟、鹦鹉等），蹼足（如鸳鸯、天鹅、鸬鹚、鸭子等）等（图3–1–7）。

图3–1–7 / 几种足型

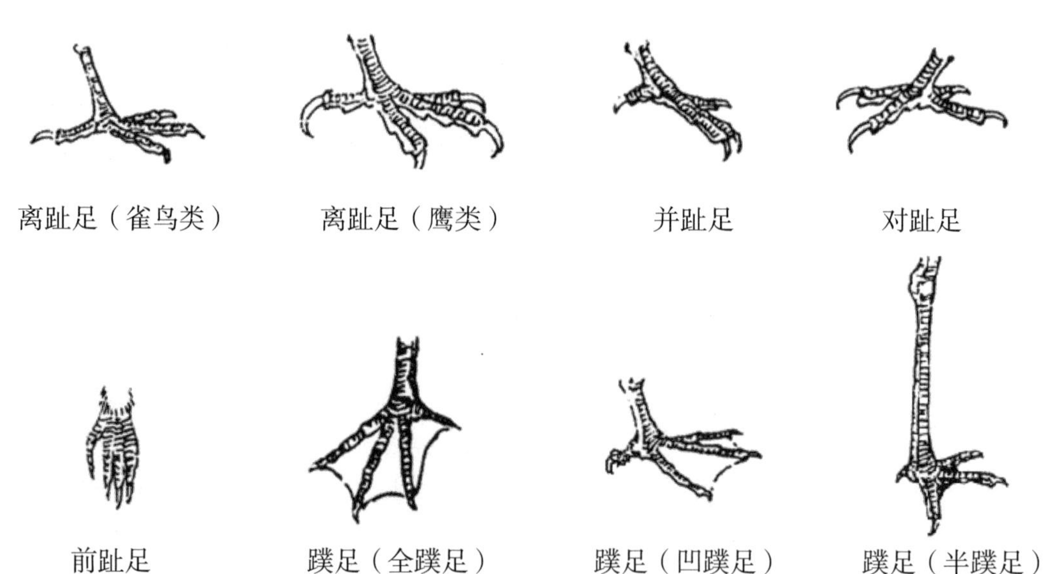

任务实施

禽鸟头、颈的雕刻

工具：切刀、V型戳刀、U型戳刀、平口刀。

原料：南瓜。

雕刻方法

①无冠禽鸟的雕刻。

A. 先将原料的一头修成斧棱形，并在斧棱形上画出禽鸟头部外形，然后刻出来。（图3–1–8 ~ 图3–1–11）

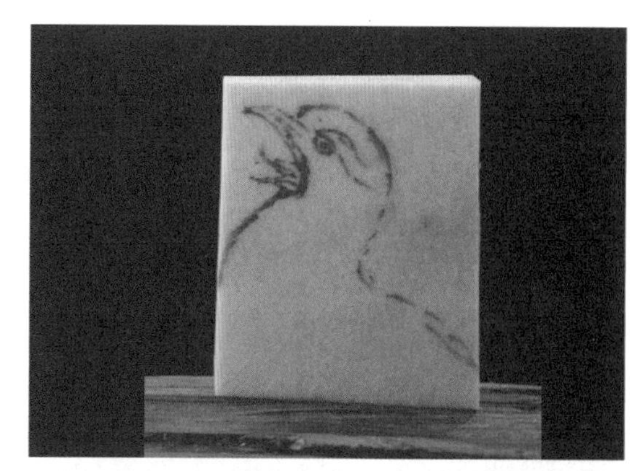

图3-1-8
图3-1-9

图3-1-10
图3-1-11

B. 雕刻嘴，用U型戳刀戳出嘴壳线（图3-1-12）。

C. 确定双眼的位置，先用V型戳刀戳出过眼线，再用U型戳刀戳出眼球（图3-1-13～图3-1-15）。

图3-1-12
图3-1-13

图3-1-14
图3-1-15

图3-1-16

D. 刻出鸟头的耳羽以及头顶、脸颊、喉部等位置的绒毛，点缀眼睛、舌，进行修饰（图3-1-16）。

②有冠禽鸟的雕刻。

A. 取一块原料，用切刀将原料的一端修成梯形，先将梯形的上方修成长方形，再修成菱形，并在梯形原料上画出头、颈部的外形（图3-1-17 ~ 图3-1-19）。

图3-1-17
图3-1-18

B. 用平口刀把上、下嘴壳的棱角去掉，用V型戳刀戳出嘴壳线，刻出鸟嘴。用V型戳刀戳出过眼线并留足雕刻冠羽的位置，刻出眼睛和脸颊（图3-1-20 ~ 图3-1-23）。

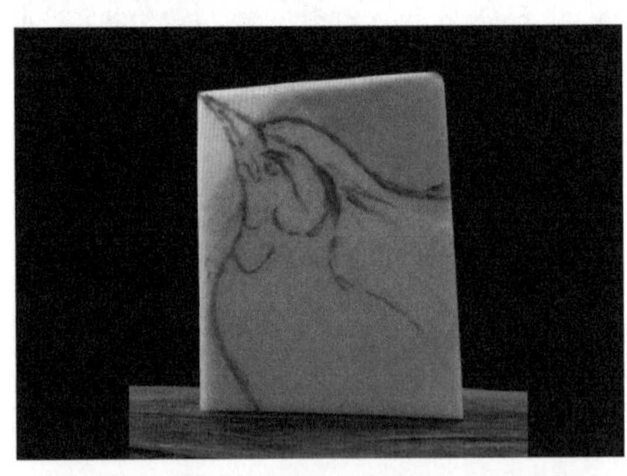

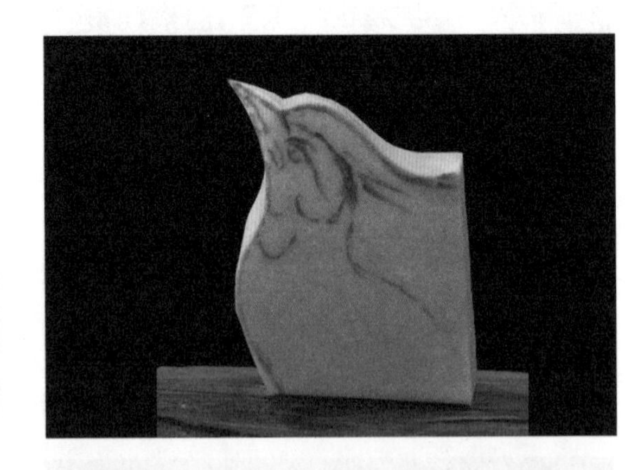

图3-1-19
图3-1-20

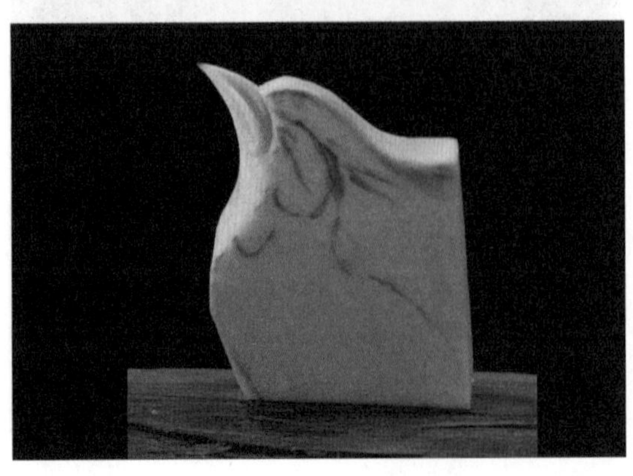

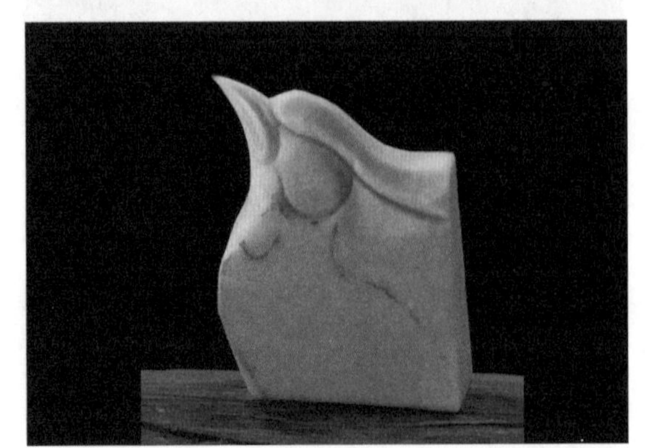

图3-1-21
图3-1-22

C．用平口刀刻出后脑勺和冠羽，用V型戳刀戳出冠羽上的绒毛，点缀修饰（图3–1–24～图3–1–26）。

图3–1–23
图3–1–24

图3–1–25
图3–1–26

③长颈禽鸟的雕刻。

A．取一块原料，用切刀将原料的一端修成长方形，在原料上画出头、颈部的外形（图3–1–27）。

B．用平口刀把上、下嘴壳的棱角去掉，用V型戳刀戳出嘴壳线，刻出嘴（图3–1–28～图3–1–30）。

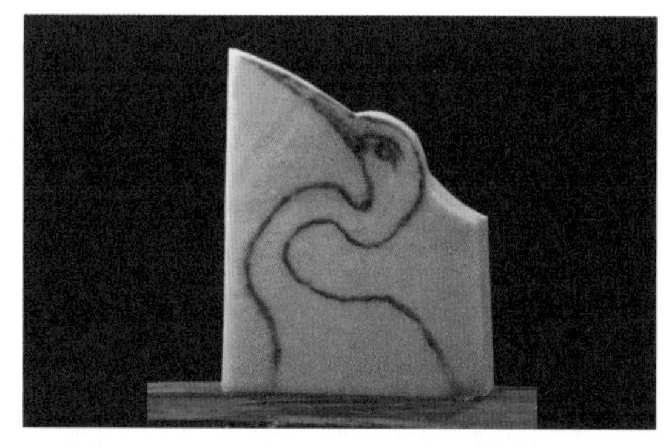

图3–1–27
图3–1–28

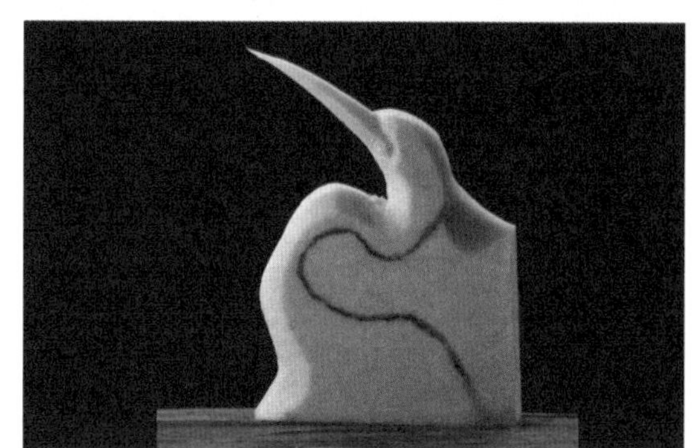

图3–1–29
图3–1–30

C．先从颏至腹刻出颈部前侧轮廓，再刻出过眼线、眼睛和脸颊（图3-1-31、图3-1-32）。

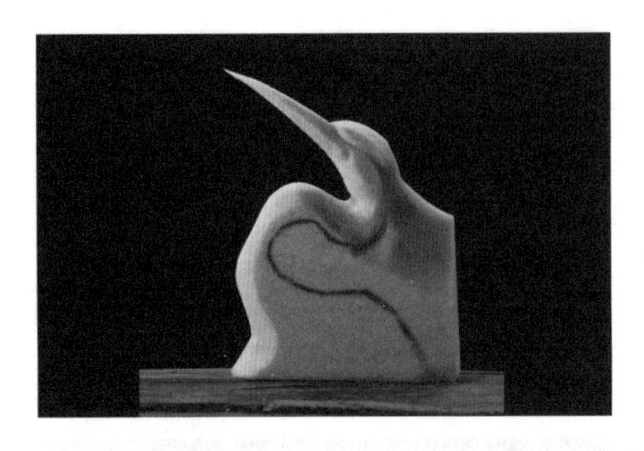

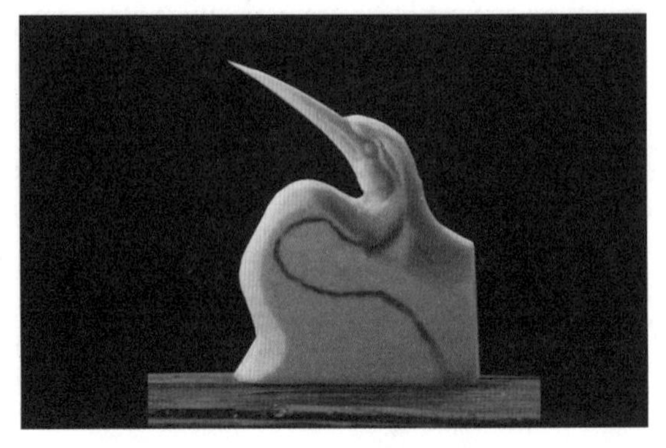

图3-1-31
图3-1-32

D．刻出头部绒毛，根据颈部前侧弯曲的弧线刻出颈部后侧直至背部，凸显完整的颈部，点缀修饰（图3-1-33、图3-1-34）。

图3-1-33
图3-1-34

成品要求

①各部位大小、长短比例恰当。

②眼睛在嘴壳的后边、嘴角的斜上方。

③雕刻嘴和眼睛要准确、到位，一气呵成。

④雕刻脸部的凹凸点和绒毛要突出、分明。

雕刻要领

①熟练掌握禽鸟头、颈部位的结构特点。

②雕刻前在原料上画出所要雕刻的形状，做到下刀准确。

③熟练运用各种刀具、刀法和雕刻技巧。

翅膀的雕刻

工具：平口刀、U型戳刀、V型戳刀、拉刻刀。

原料：南瓜。

雕刻方法

①收翅的雕刻。

A．取一块南瓜原料，画出不同羽毛的位置分布，再用平口刀按照收翅式禽鸟翅膀的形状修出翅膀外轮廓（图3–1–35、图3–1–36）。

图3–1–35
图3–1–36

B．先刻出小覆羽和中覆羽，然后依次刻出大覆羽和初级覆羽（图3–1–37 ~ 图3–1–39）。

图3–1–37
图3–1–38

C．去掉覆羽下边的废料，将翅膀修薄、修平，用V型戳刀在小、中覆羽中间戳出飞羽，整理成形（图3–1–40）。

图3–1–39
图3–1–40

②亮翅的雕刻。

A．取一块南瓜原料，与收翅雕刻步骤一样，先修出亮翅形状的翅膀外轮廓（图3–1–41）。

B．在雕刻好的翅膀大形原料上画出不同羽毛的位置分布。先依次雕刻出小覆羽和中覆羽，然后再依次雕刻出大覆羽、初级覆羽（图3–1–42 ~ 图3–1–44）。

图3-1-41
图3-1-42

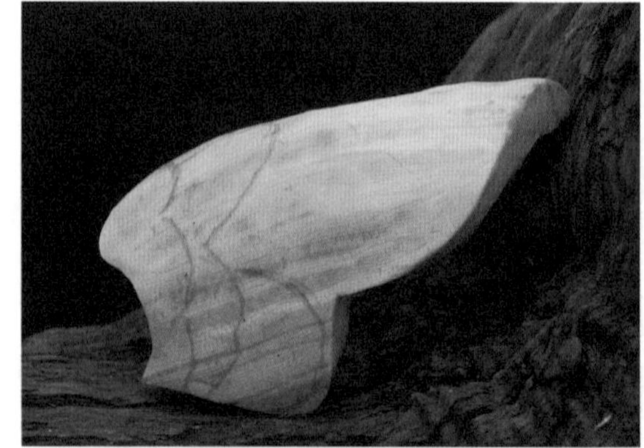

图3-1-43
图3-1-44

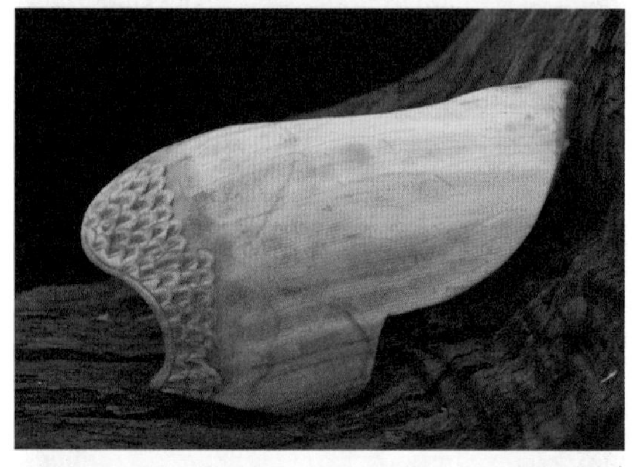

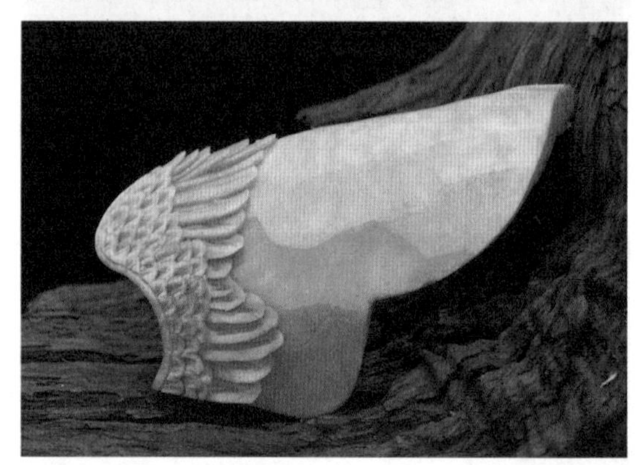

图3-1-45

C. 去掉覆羽下边的一层废料，使羽毛上部边缘凸出来，戳出二级飞羽、次级飞羽和初级飞羽，并用拉刻刀戳出羽毛上的羽干和羽丝（图3-1-45）。

③展翅的雕刻。

A. 取一块南瓜原料，用平口刀按照完全展开的翅膀的形状修出其外形轮廓（图3-1-46）。

B. 在修好的翅膀大形原料上画出不同羽毛的位置分布，刻出小覆羽（图3-1-47）。

图3-1-46
图3-1-47

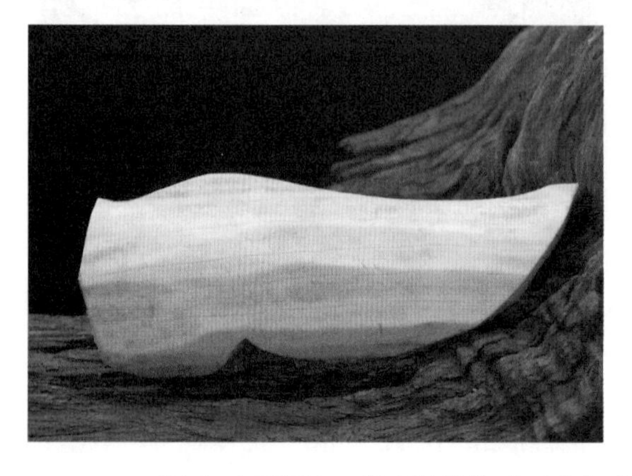

C. 刻出中覆羽，然后再依次刻出大覆羽、初级覆羽。去掉覆羽下边的一层废料，使羽毛上部边缘凸出来（图3-1-48、图3-1-49）。

图3-1-48
图3-1-49

D. 戳出三级飞羽、次级飞羽和初级飞羽，并用拉刻刀戳出羽毛上的羽干和羽丝（图3-1-50）。

图3-1-50

成品要求

①三种翅膀的形态特点突出，区别明显。

②翅膀各部位羽毛排列位置准确，覆羽排列时应交错排布，飞羽排列时应相互重叠。

③翅膀羽毛长短、大小应该有明显区别。一般情况下，覆羽短、圆、薄，似鱼鳞状。

④羽片要求厚薄适中，边缘整齐无缺口，无毛边。

⑤熟练运用刀具、刀法，废料去除要干净。

雕刻要领

①雕刻翅膀外轮廓前，可以先在纸上画一下翅膀大形，然后再在原料上画，再进行雕刻，这对于快速掌握翅膀大形的雕刻非常有用。

②熟悉翅膀各个部位羽毛的形状和位置排列。覆羽的形状要小一些、短一些，飞羽要大一些、长一些。其中，初级飞羽最大、最长。

③翅膀的大小、长短和禽鸟的种类有关。一般禽鸟翅膀的长度与体长相当。擅长飞翔的禽鸟以及大型猛禽类的翅膀长度应是其体长的2~3倍。

④加强基本功练习。用平口刀雕刻羽毛最能体现基本功和操作的熟练程度。

⑤翅膀雕刻好后，可以用U型戳刀将翅膀的飞羽往上抬一抬，使其上翘。这样处理能使翅膀看起来更加生动、逼真。

尾的雕刻

工具：平口刀、U型戳刀、V型戳刀、拉刻刀。

原料：南瓜。

雕刻方法

①圆尾的雕刻。

A. 取一块南瓜原料，修平整，在原料上确定主尾羽的位置和走向，并用V型戳刀戳出羽干（图3-1-51）。

B. 用平口刀或是U型戳刀刻出主尾羽的形状，并去掉主尾羽下边的废料，使主尾羽凸显出来（图3-1-52）。

C. 刻出主尾羽两侧的副尾羽。主尾羽和副尾羽的长度、大小基本上是一样的，只是尾羽的根部排列要紧密些，形状就像打开的折扇（图3-1-53）。

图3-1-51
图3-1-52
图3-1-53

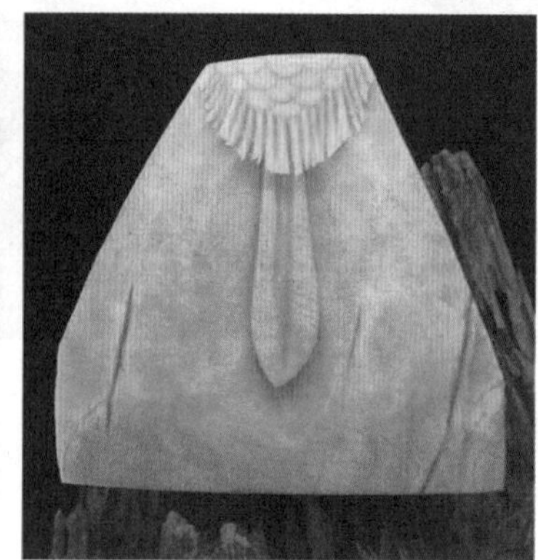
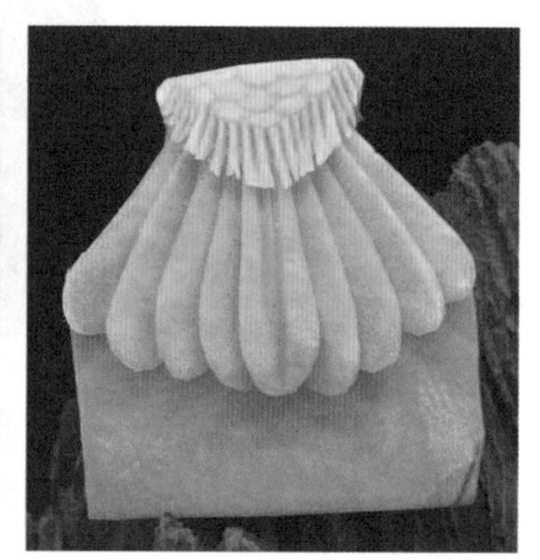

D. 用V型戳刀或拉刻刀戳出尾羽上的羽干和羽丝（图3-1-54）。

E. 去掉尾羽下边的废料，将鸟尾取下来（图3-1-55）。

图3-1-54
图3-1-55

②凸尾的雕刻。

凸尾的雕刻步骤、方法、技巧与圆尾的雕刻类似。其区别在于凸尾主尾羽两侧的副尾羽较中间的主尾羽渐次缩短，主尾羽最长（图3-1-56～图3-1-61）。

图3-1-56
图3-1-57
图3-1-58

图3-1-59
图3-1-60
图3-1-61

③凹尾的雕刻。

凹尾的雕刻步骤、方法、技巧与凸尾的雕刻类似。其外形正好与凸尾相反，凹尾主尾羽内侧的副尾羽较主尾羽渐次缩短，两根主尾羽最长（图3-1-62～图3-1-66）。

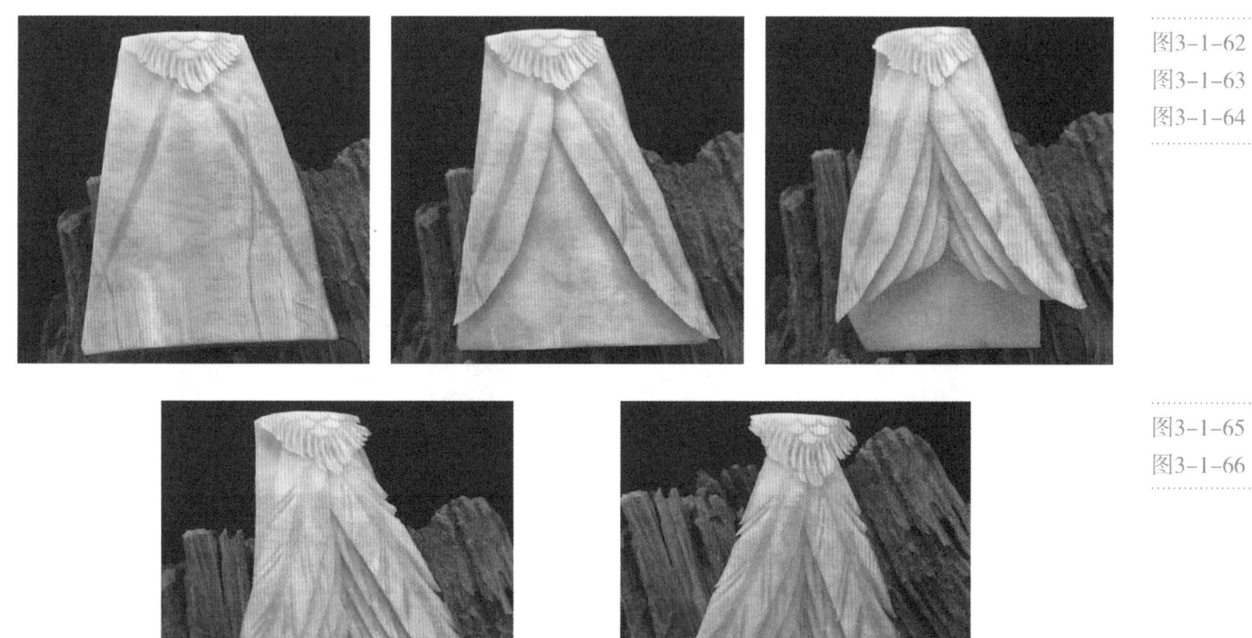

图3-1-62
图3-1-63
图3-1-64

图3-1-65
图3-1-66

④燕尾的雕刻。

燕尾的雕刻步骤、方法、技巧与凸尾的雕刻类似。燕尾主尾羽两侧的副尾羽较中间的主尾羽渐次加长，主尾羽最短。主要区别在于，最外边的两片副尾羽最长，呈三角形，细长而窄尖（图3–1–67 ~ 图3–1–71）。

图3–1–67
图3–1–68
图3–1–69

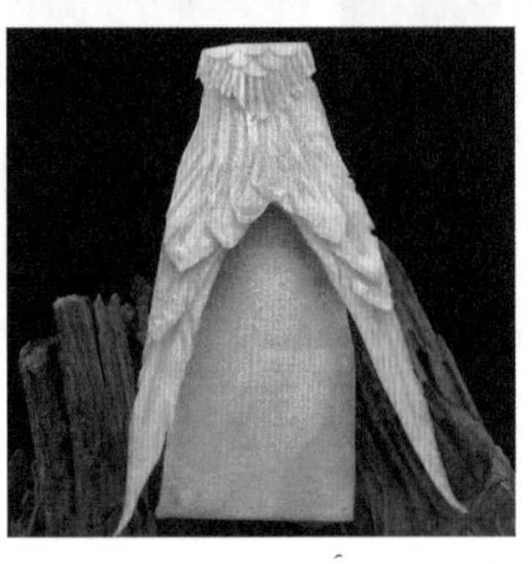

图3–1–70
图3–1–71

⑤平尾的雕刻。

平尾的雕刻步骤、方法、技巧与圆尾的雕刻类似。主尾羽和副尾羽的羽毛排列均匀、整齐，几乎呈一条直线，弧度很小（图3–1–72 ~ 图3–1–75）。

图3–1–72
图3–1–73

图3–1–74
图3–1–75

⑥凤尾的雕刻。

雕刻凤尾时应突出其长而大的特点，其长度一般为体长的2~3倍，有的甚至更长。

A. 取一块南瓜原料，修平整。在原料上确定凤尾的位置、走向和形状，并用V型戳刀戳出羽干（图3–1–76）。

B. 用V型戳刀在羽干的两侧戳出小羽毛，小羽毛细、长且自然弯曲（图3–1–77）。

C. 用V型戳刀或拉刻刀在羽干两侧戳出羽丝（图3–1–78）。

D. 用平口刀从羽毛尖部开始斜片到羽毛的根部，去掉尾羽下边的废料，把雕刻好的尾部取下来（图3–1–79）。

图3–1–76
图3–1–77

图3–1–78
图3–1–79

成品要求

①形态准确，区别不同禽鸟的尾部特征。

②尾部的羽毛应成对出现，其中主尾羽一般是两根，只是有些禽鸟的主尾羽被挡住了一根。

③尾羽的排列左右对称。

④禽鸟尾部的大小、长短和禽鸟的种类有关。一般禽鸟的尾长与体长相当，也有些长尾鸟的尾长是其体长的2~3倍甚至更长。

⑤废料去除要干净。

雕刻要领

①熟练掌握禽鸟尾部的特征。

②熟悉禽鸟尾羽的位置排列。

③尾羽一般中间略厚、边缘略薄。

腿爪的雕刻

工具：平口刀、U型戳刀、V型戳刀、拉刻刀。

原料：南瓜。

雕刻方法

①离趾足的雕刻。

A. 取一块原料雕刻出离趾足的外形轮廓。趾前三后一形成一个三角形的面（图3–1–80 ~ 图3–1–82）。

图3–1–80
图3–1–81
图3–1–82

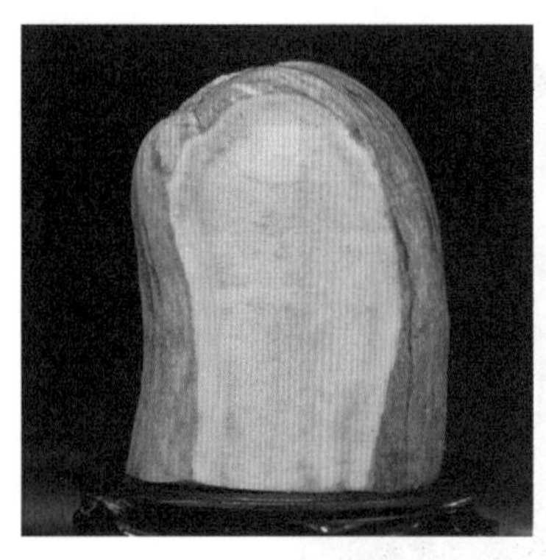
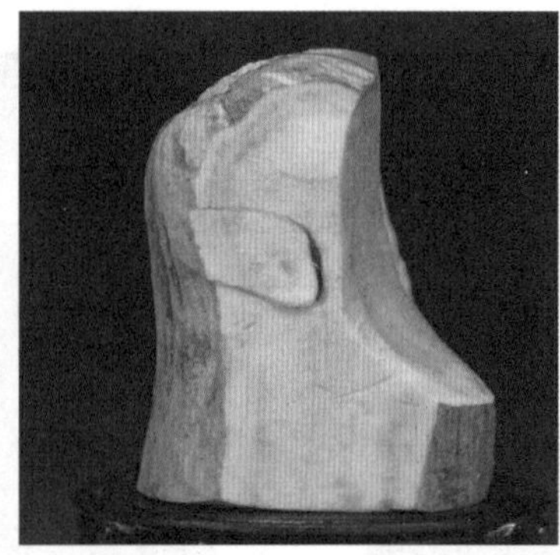
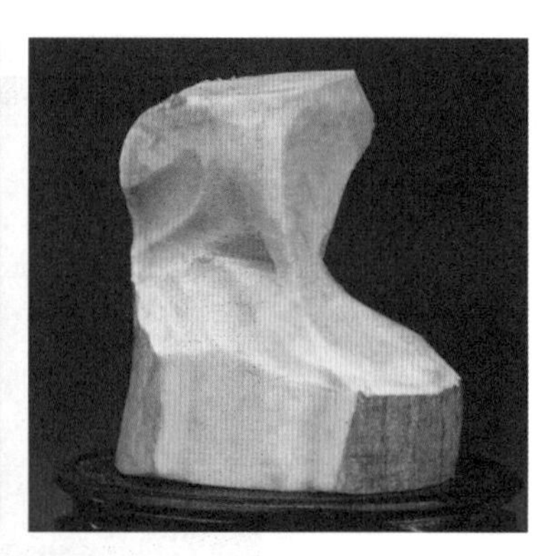

B. 在每个趾的位置，用平口刀把趾分开，修整出趾的关节（图3–1–83）。

C. 去掉趾上的棱角，修圆，刻出趾尖和爪心（图3–1–84）。

图3–1–83
图3–1–84

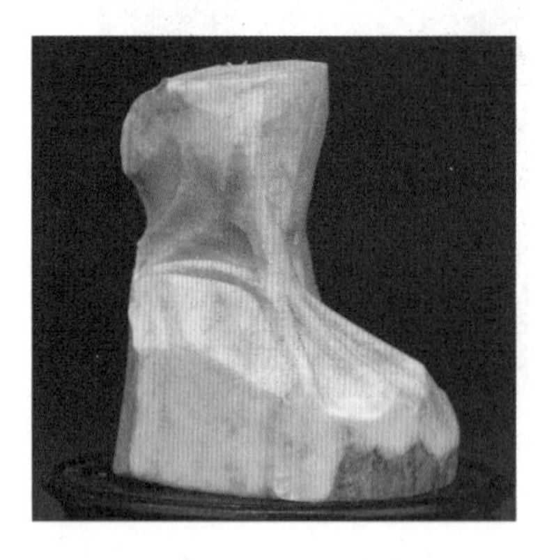
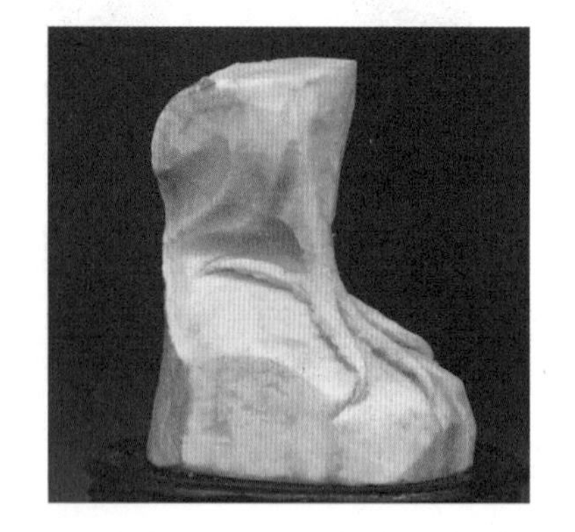

D. 刻出小腿和趾上的鳞片、大腿上的小羽毛。去除废料，修整成形（图3–1–85、图3–1–86）。

图3–1–85
图3–1–86

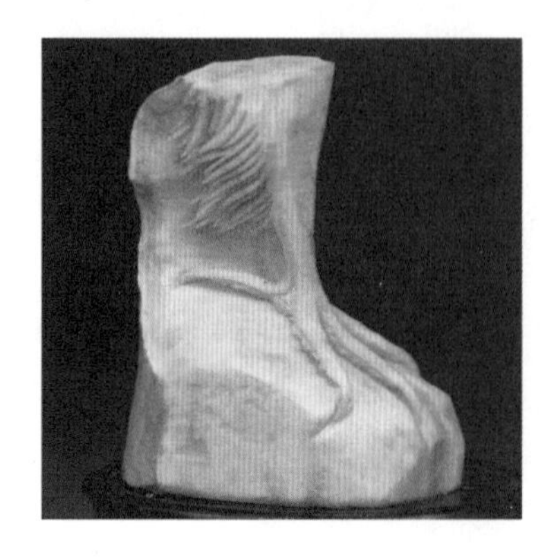
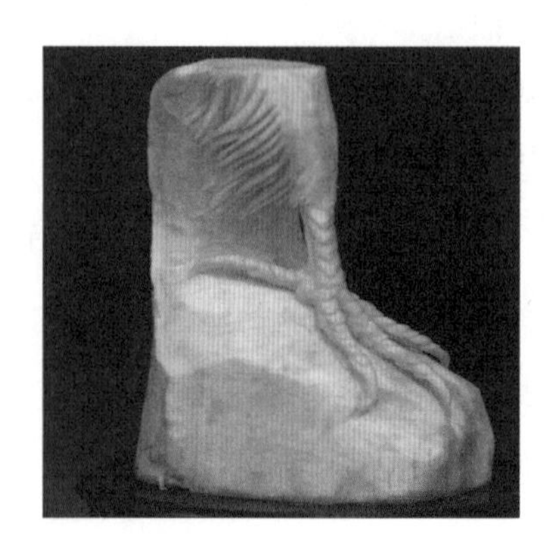

②蹼足的雕刻。

A．取一块原料修出蹼足的大形，趾前三后一形成一个三角形的面（图3-1-87、图3-1-88）。

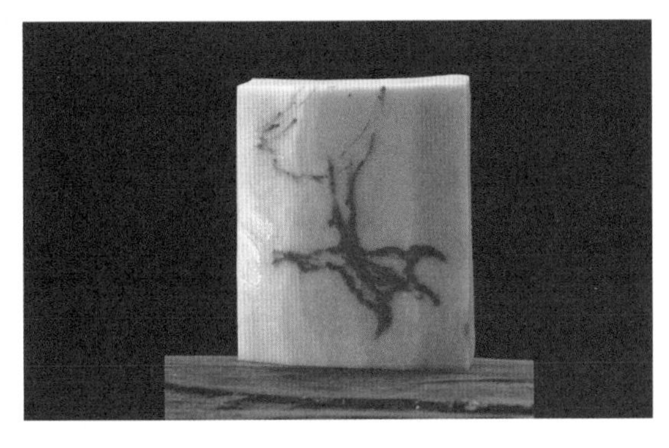

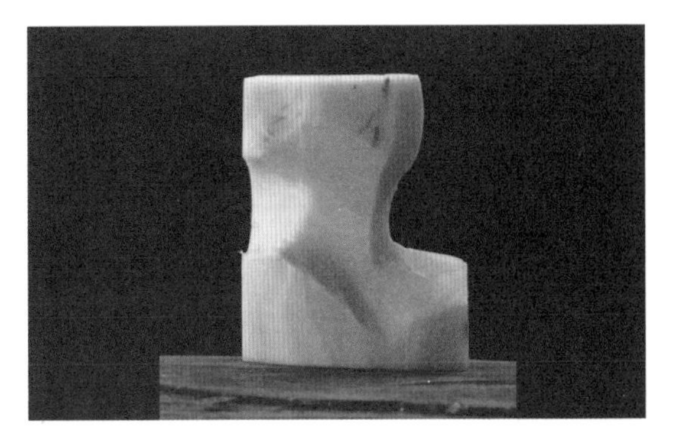

图3-1-87
图3-1-88

B．确定每个趾的位置，用U型戳刀和V型戳刀把趾分开，修整出趾的关节（图3-1-89、图3-1-90）。

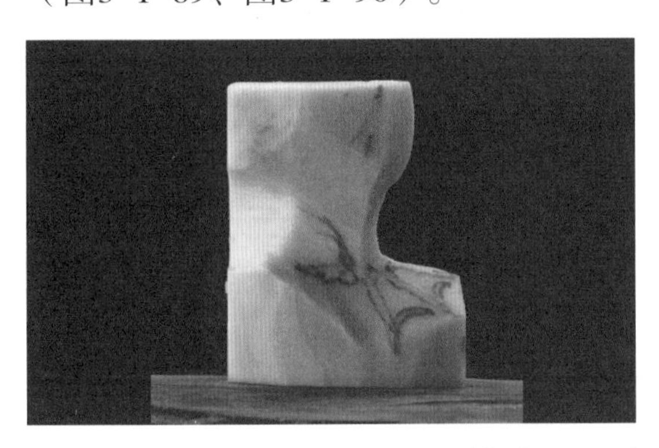

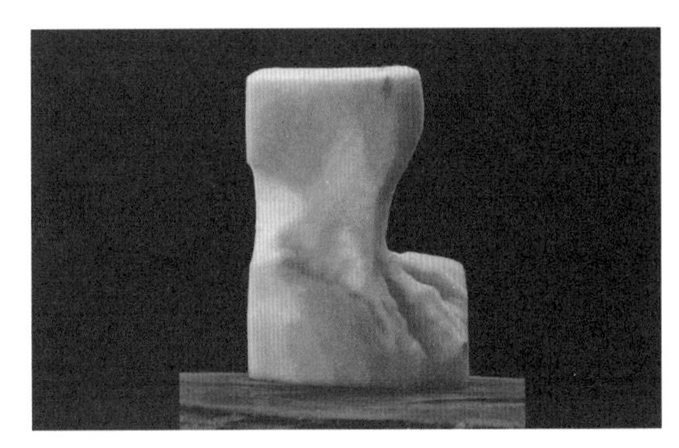

图3-1-89
图3-1-90

C．刻出小腿和趾上的鳞片、趾尖，并刻出前面三个趾之间相连的蹼（图3-1-91、图3-1-92）。

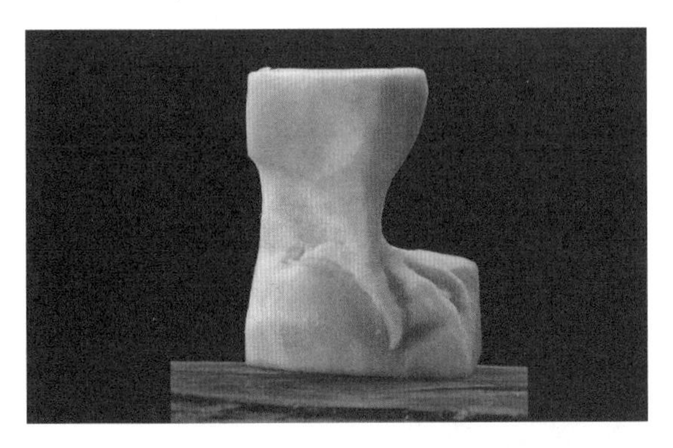

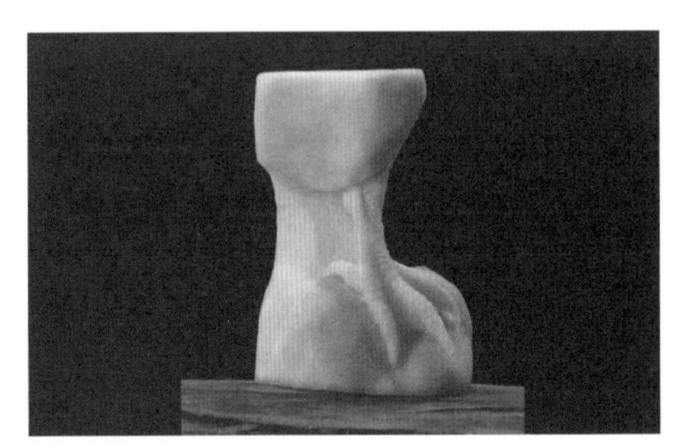

图3-1-91
图3-1-92

D．去除废料，修整成形（图3-1-93）。

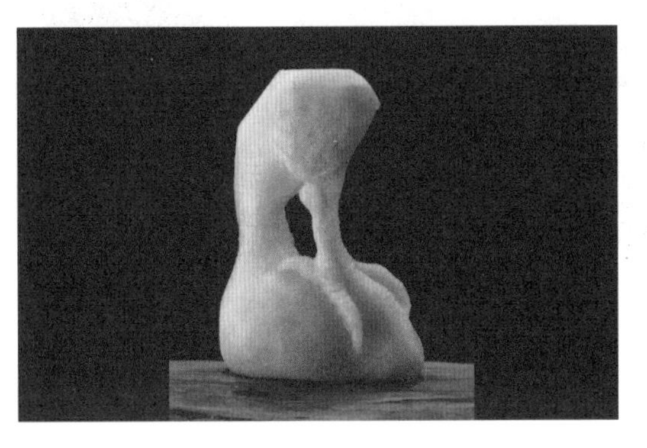

图3-1-93

成品要求

①腿爪外形准确，区别不同禽鸟腿爪的特征。

②注意各趾的比例，一般中趾应最大、最长，后趾最小、最短。

③趾的关节要体现出来，特别是鸟爪抓握时关节更加明显。

④雕刻小腿和趾上的鳞片时，刀法要熟练、流畅，废料去除要干净。

⑤雕刻蹼足时，蹼膜一般要比趾低一些。

⑥应根据禽鸟的具体种类，灵活掌握趾尖的大小、长短和弯曲度。

雕刻要领

①熟悉禽鸟腿爪各个部位的位置和形状，多临摹绘画，多雕刻训练。

②禽鸟腿爪的大小、长短和禽鸟的种类有关。一般体形大的禽鸟，腿爪长、粗大；体形小的禽鸟，腿爪短、细小一些。

③雕刻禽鸟腿爪时，也可以采用组雕的方式，使造型更加灵活多变。

任务二　禽鸟雕刻——天鹅

主题知识

天鹅（图3-2-1、图3-2-2）因羽色洁白、体态优美、叫声动人、行为忠诚，在东西方文化中被视为纯洁、忠诚、高贵的象征。中国古代称天鹅为鹄、鸿鹄、黄鹄等。

在食品雕刻中，天鹅雕刻是禽鸟雕刻的基础，是从步骤简单的花卉雕刻到禽鸟雕刻的过渡，也是长颈禽鸟雕刻的基础。

图3-2-1 / 天鹅1
图3-2-2 / 天鹅2

任务实施

天鹅的雕刻

工具：切刀、V型戳刀、U型戳刀、平口刀。

原料：香芋、胡萝卜。

雕刻方法

①制坯。取一块香芋，在上面画出天鹅的外部轮廓，在所画的头部位置用切刀切出截面，另取一块胡萝卜，用胶水组装在一起，修出天鹅头的初坯（图3-2-3 ~ 图3-2-5）。

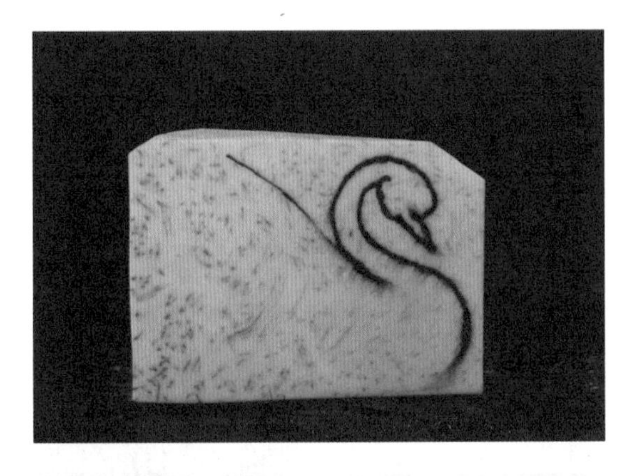

图3-2-3
图3-2-4

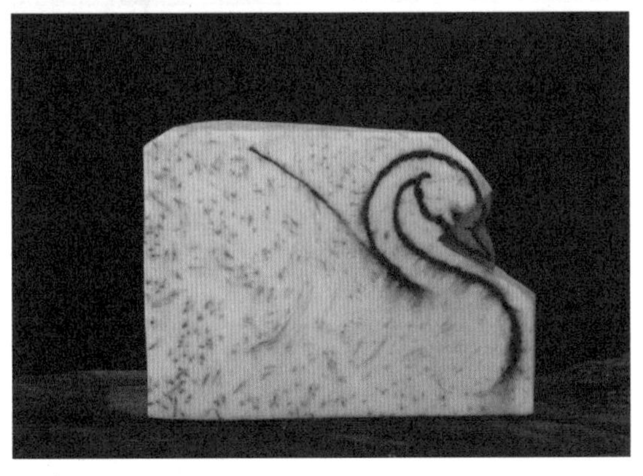

图3-2-5
图3-2-6

②雕刻头、颈部。用平口刀依次刻出天鹅的嘴、额头和颈，用U型戳刀和平口刀刻出眼睛（图3-2-6 ~ 图3-2-10）。

图3-2-7
图3-2-8

图3-2-9
图3-2-10

③雕刻躯干。用U型戳刀和V型戳刀戳出天鹅的躯干轮廓，再戳出翅膀外形（图3-2-11）。

④雕刻翅膀。用U型戳刀在翅膀关节内侧戳出两到三层短的肩羽，并用V型戳刀在羽毛中间戳出羽干，再戳出一到两层比较长的飞羽。雕刻飞羽时，先用V型戳刀戳出羽干，然后用U型戳刀沿着羽干戳出羽丝。用同样的方法刻好另一侧翅膀（图3-2-12～图3-2-15）。

图3-2-11
图3-2-12

图3-2-13
图3-2-14

⑤雕刻尾羽，修装成形。修出尾羽轮廓，先用U型戳刀戳出两到三层短的羽毛，再用平口刀刻出尾羽。完成各部位雕刻，整理修饰，即完成整个作品（图3-2-16～图3-2-19）。

图3-2-15
图3-2-16

图3-2-17
图3-2-18

图3-2-19

成品要求

①造型逼真，颈部弯曲自然、美观。

②各部位比例恰当，羽毛层次分明，刀法熟练，成品无刀痕。

行家点拨

①天鹅的头、颈长与体长的比例一般为1：1。

②天鹅从额头到颈部再到胸部呈“S”状，应保证其弧度自然、成品光滑。

③雕刻天鹅头时，要注意腮部的肌肉和嘴的形状，以区别于其他长颈禽鸟。

拓展训练

①思考与分析：天鹅与鹅、大雁的造型有什么不同？在雕品应用中天鹅有什么吉祥的寓意？

②鹅造型训练（图3-2-20、图3-2-21）。

图3-2-20/鹅造型训练1
图3-2-21/鹅造型训练2

任务三　禽鸟雕刻——仙鹤

主题知识

鹤在中国文化中有崇高的地位，特别是丹顶鹤（图3-3-1、图3-3-2），是长寿、吉祥、典雅的象征。古人把鹤当作一品之尊的贵鸟，将鹤称为仙鹤。

图3-3-1/丹顶鹤1
图3-3-2/丹顶鹤2

仙鹤在中国传统吉祥物中占有一席之地，形成独具一格的鹤吉祥符号。仙鹤姿态雍容，仙风道骨，很有文化内涵。自古仙鹤就被赋予高洁、善良、平和等诸多品性。鹤文化作为中国文化的一个特色，很早就已发展完备了，并渗透到体育、医药、绘画、工艺等众多领域。鹤文化经历了自然物—神仙化—贵族化—大众化的几次转变，被赋予了情感和思想，进入各种艺术创作中。

通过仙鹤雕刻，初学者应进一步掌握长颈禽鸟的特征，雕刻颈部时充分使用U型戳刀，可以让仙鹤颈的弯曲更加自然、美观。

仙鹤的雕刻

工具：切刀、平口刀、U型戳刀。

原料：香芋（或白萝卜）、胡萝卜等。

雕刻方法

①制坯，雕刻头、颈。取一块香芋，画出仙鹤头、颈的大体轮廓，粘上一块红萝卜为嘴部，依次雕刻出嘴、眼、脸、颈（图3-3-3～图3-3-5）。

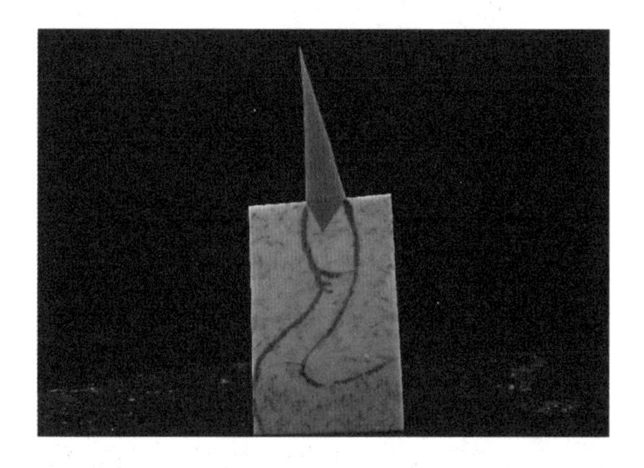

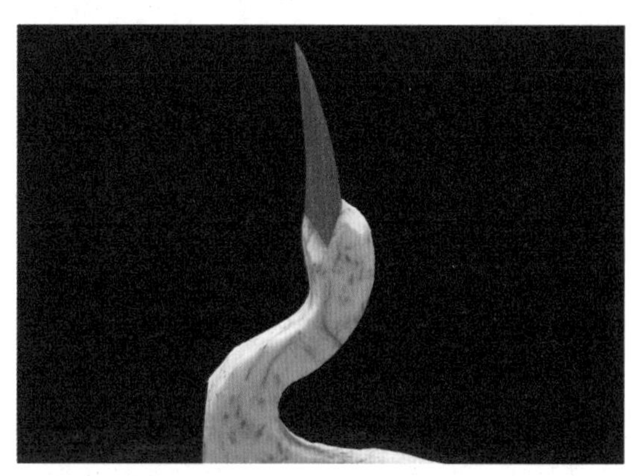

图3-3-3
图3-3-4

②雕刻躯干。另取一块原料，与雕刻好的头、颈组装在一起，在原料的表面画出仙鹤躯干的轮廓，用平口刀修出外形，用U型戳刀和V型戳刀戳出仙鹤躯干的轮廓以及尾羽（图3-3-6～图3-3-8）。

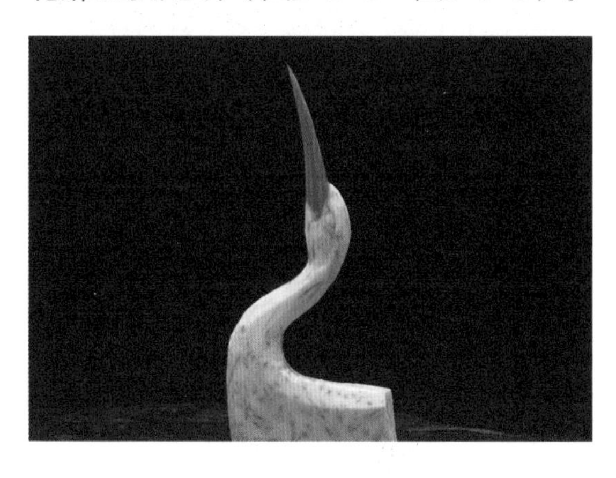

图3-3-5
图3-3-6

图3-3-7
图3-3-8

③雕刻翅膀。先刻出小覆羽和中覆羽，然后依次刻出大覆羽和初级覆羽以及飞羽（图3–3–9 ~ 图3–3–13）。

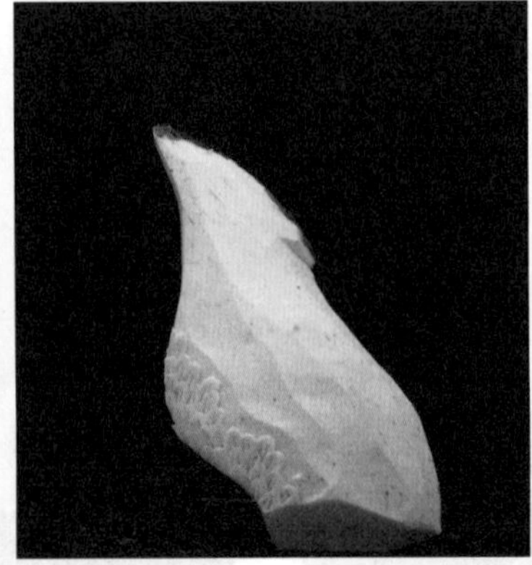

图3–3–9
图3–3–10
图3–3–11

图3–3–12
图3–3–13

图3–3–14
图3–3–15

图3–3–16

④雕刻腿爪。用红萝卜刻出一对腿爪（图3–3–14）。

⑤组装成形。待各部位雕刻完毕，组装成整只仙鹤，去除废料，用香芋雕刻成假山，点缀上花草，即完成整个作品（图3–3–15、图3–3–16）。

成品要求

①造型逼真，形态美观、大方，颈部特征突出。

②废料去除干净。

行家点拨

①在雕刻仙鹤时，要突出三长，即嘴长、颈长、腿长。颈长约为体长的2/3。

②翅膀的大小应与身体的大小相协调。

③雕刻时可以先在原料上画出仙鹤的大体轮廓，这样有利于把握造型。

④在雕刻翅膀时，注意下刀的角度和进刀的深度，以保证雕刻出来的翅膀形象、逼真。

⑤在雕刻腿爪时，要根据躯干的大小，突出其腿长的特点。

拓展训练

①思考与分析：仙鹤和白鹭的造型有什么不同？雕刻仙鹤要注意哪些地方？

②白鹭造型训练（图3–3–17、图3–3–18）。

图3–3–17/白鹭造型训练1

图3–3–18/白鹭造型训练2

任务四　禽鸟雕刻——喜鹊

主题知识

喜鹊（图3–4–1、图3–4–2）深受人们喜爱。喜鹊登梅是中国传统吉祥图案之一，梅花是春天的使者，喜鹊是好运与福气的象征。此外，在中国的民间传说中，每年七夕，人间的喜鹊会飞上天河，搭起一座鹊桥，让牛郎和织女相会，因而在中华文化中鹊桥常常成为男女情缘的象征。

喜鹊雕刻是食品雕刻中无冠禽鸟雕刻的基础，其他很多禽鸟（如鹊鸲、杜鹃）的雕刻都是在喜鹊雕刻的基础上进行变化和创造的。

图3-4-1/喜鹊1
图3-4-2/喜鹊2

任务实施

喜鹊的雕刻

工具：切刀、V型戳刀、U型戳刀、平口刀。

原料：胡萝卜（或白萝卜、香芋、青萝卜）等。

雕刻方法

①雕刻头部。取一段粗壮的胡萝卜，把一端切成斧棱形，然后修出头、颈的外形轮廓，再刻出三角形的鸟嘴并戳出嘴壳线，用U型戳刀和平口刀刻出眼睛，最后雕刻出喜鹊后脑部的小绒毛（图3-4-3 ~ 图3-4-6）。

图3-4-3
图3-4-4

图3-4-5
图3-4-6

②雕刻躯干、翅膀。将刀垂直朝下沿着颈部两侧向尾部弧形进刀，划出喜鹊躯干的轮廓，并用U型戳刀戳出翅膀轮廓，然后用U型戳刀在翅膀关节内侧戳出两到三层短的覆羽，并用V型戳刀在羽毛中间刻出羽干，再用平口刀刻出两到三层飞羽（图3–4–7 ~ 图3–4–9）。

图3–4–7
图3–4–8

③雕刻尾羽。另取一段胡萝卜，先用平口刀修出尾羽外形，然后用U型戳刀戳出尾羽，再用V型戳刀戳出羽干（图3–4–10）。

图3–4–9
图3–4–10

④雕刻腿爪。取一块胡萝卜，在一面上用刀尖划出腿爪的侧轮廓，并去掉轮廓外侧的一层废料，雕刻出腿爪的俯视轮廓，最后雕刻出腿爪（图3–4–11）。

⑤修整成形。待各部位雕刻完毕，组装成整只喜鹊，去除废料，并用青萝卜雕刻成树枝，点缀上花草，即完成整个作品（图3–4–12 ~ 图3–4–14）。

图3–4–11
图3–4–12

图3-4-13
图3-4-14

成品要求

①造型完整，形象逼真，各部位比例恰当。嘴短、尖，下嘴壳比上嘴壳略微短小，尾长是体长的两倍。

②刀法娴熟，下刀精准，废料去除干净，无刀痕。

行家点拨

①雕刻鸟嘴时，每刀都要略带向上弯曲的弧度，避免出现向下弯曲的弧度。

②嘴要厚实一些，防止出现扁嘴，从嘴尖到嘴根逐渐增厚。

③翅膀应该紧接着颈部，不能脱节，不能太靠后。

④翅膀每根羽毛都应该弧形朝向脊背，防止出现根根平行朝向尾部的现象。

⑤腿爪初刻要粗直，忌细软。划腿爪轮廓时线条要直，关节处要略粗，且划线时，刀身略往上倾斜。

拓展训练

①思考与分析：喜鹊、杜鹃、麻雀的造型有什么不同？雕刻喜鹊要注意哪些地方？

②杜鹃（图3-4-15）、麻雀（图3-4-16）造型训练。

图3-4-15/杜鹃造型训练
图3-4-16/麻雀造型训练

任务五　禽鸟雕刻——鸳鸯

主题知识

鸳鸯，古人称之为“匹鸟”，似野鸭，体形较小。嘴扁，颈长，趾间有蹼，善游泳，能飞。鸳指雄鸟，鸯指雌鸟。雌雄异色，雄鸟嘴红色，腿爪橙黄色，羽色鲜艳而华丽，头具艳丽的冠羽，眼后有宽阔的白色眉纹，翅上有一对栗黄色扇状直立羽，像帆一样立于后背，非常奇特和醒目，在野外极易辨认；雌鸟嘴黑色，腿爪橙黄色，头和整个上体灰褐色，眼周白色，其后连一细的白色眉纹，亦极为醒目和独特（图3–5–1、图3–5–2）。鸳鸯主要栖息于河流、湖泊、水塘、芦苇沼泽中。

图3–5–1/鸳鸯1
图3–5–2/鸳鸯2

鸳鸯雕刻是有冠禽鸟雕刻的基础，其他很多禽鸟（如寿带、锦鸡、戴胜）的雕刻都是在鸳鸯雕刻的基础上进行变化和创造的。

任务实施

鸳鸯的雕刻

工具：切刀、V型戳刀、U型戳刀、平口刀。

原料：南瓜等。

雕刻方法

①取一块南瓜，刻出头部位置，在原料上画出鸳鸯的轮廓（图3–5–3 ~ 图3–5–5）。

②从嘴部开始下刀，修出鸳鸯的整个外形轮廓（图3-5-6）。

图3-5-3
图3-5-4

图3-5-5
图3-5-6

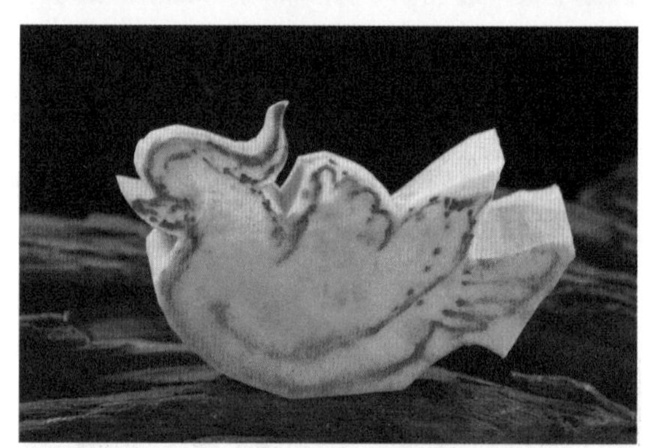

③刻出三角形的嘴，去除嘴尖和棱角，修出圆扁的嘴（图3-5-7）。

④把头部修圆，刻出冠羽（雌性没有冠羽）以及过眼线，并刻出眼睛（图3-5-8、图3-5-9）。

图3-5-7
图3-5-8

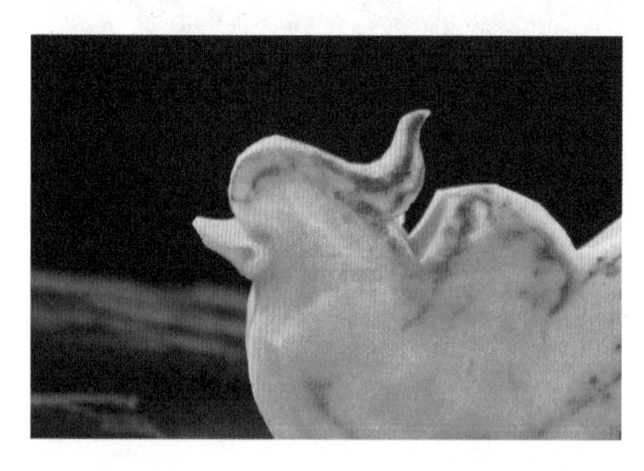

⑤用V型戳刀戳出鸳鸯头部的绒毛和颈部的尖形小羽毛（图3-5-10）。

图3-5-9
图3-5-10

⑥根据设计好的造型，在头、颈羽毛后面先修出相思羽（栗黄色扇状直立羽）的轮廓（雌性没有相思羽），再修出翅膀轮廓，并雕刻出细节（图3-5-11～图3-5-15）。

图3-5-11
图3-5-12

图3-5-13
图3-5-14

⑦按照尾的雕刻方法雕刻出凸尾（图3-5-16）。

图3-5-15
图3-5-16

⑧整理修饰，装上眼睛，雕刻荷花、荷叶作为点缀品，组装成形，完成整个作品（图3-5-17、图3-5-18）。

图3-5-17
图3-5-18

成品要求

①造型完整，形象逼真，特征突出，嘴短扁，冠羽弯曲自然。

②刀法熟练、精准，废料去除干净。

行家点拨

①制坯时要留足雕刻鸳鸯冠羽的位置，冠羽的高度和宽度与头部相当。

②嘴短扁、紧闭，长度约为整个头部长度的一半。

③注意雄鸟和雌鸟的形状区别，雌鸟背部无相思羽。

④雕刻羽毛时，前后两层要交错排布，以体现立体感，背部的细小羽毛要尽量覆盖到翅膀上方。

拓展训练

①思考与分析：鸳鸟和鸯鸟的造型有什么不同？雕刻鸳鸯和雕刻绿头鸭有什么不同？

②绿头鸭造型训练（图3–5–19、图3–5–20）。

图3–5–19 / 绿头鸭造型训练1
图3–5–20 / 绿头鸭造型训练2

任务六　禽鸟雕刻——雄鸡

主题知识

在钟表出现前，人们日出而作、日落而息，以天亮作为一天的开始，依靠雄鸡（图3–6–1、图3–6–2）报时。古人说雄鸡“守夜不失时”，是信德的表现。现在人们赞美雄鸡，主要是赞美雄鸡的武勇之德和守时报晓的信德。

在传统的文化认知中，雄鸡常被认为是太阳的化身，是金鸟，因此也被看成是阳性与刚猛的代表。人们认为，金鸡报晓时，光明驱散黑暗，世界重新恢复一片生机盎然。

图3-6-1/雄鸡1
图3-6-2/雄鸡2

在食品雕刻中，“冠”大都是羽毛的，而雄鸡的冠有别于其他禽鸟，是肉质冠。这就与其他有冠禽鸟有了一定的区别，但雕刻方法一样。雄鸡的外形把握特别重要，背部一般呈“U”字形，以昂首、挺胸、翘尾来表现雄鸡的飒爽英姿。

任务实施

雄鸡的雕刻

工具：切刀、V型戳刀、U型戳刀、平口刀。

原料：香芋、胡萝卜等。

雕刻方法

①取一块长方形香芋原料，确定嘴的位置，去掉一小块三角形原料，将胡萝卜修成三角形组装在原三角形凹槽内，并雕刻出嘴。（图3-6-3～图3-6-6）

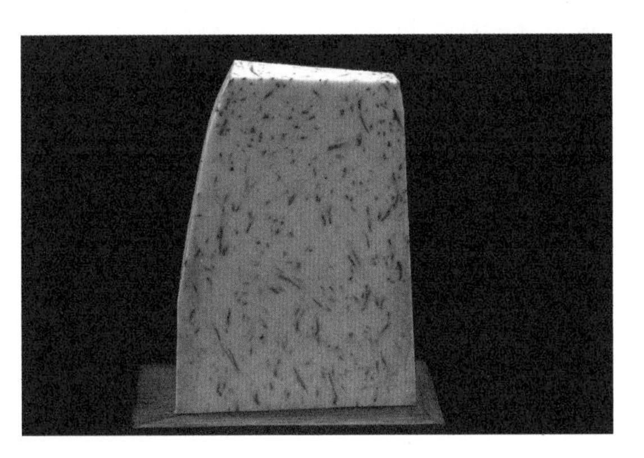

图3-6-3
图3-6-4

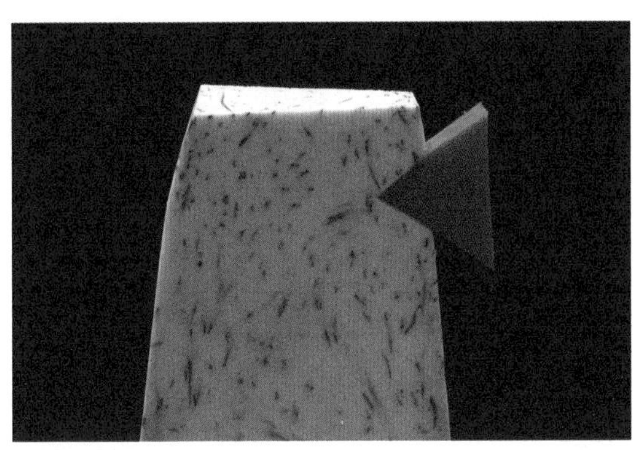

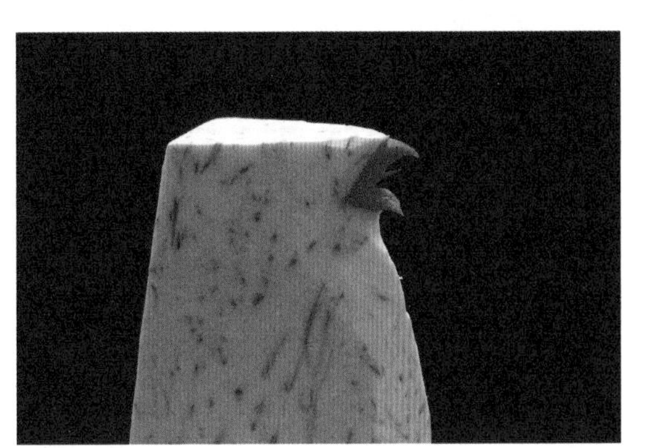

图3-6-5
图3-6-6

②将雕刻好的肉垂组装在嘴角下方。（图3-6-7）

③修出头顶和后脑勺，组装眼睛，根据修好的头顶弧形组装上一块扇形胡萝卜原料，雕刻出冠。（图3-6-8 ~ 图3-6-10）

图3-6-7
图3-6-8

图3-6-9
图3-6-10

④另取一块香芋，组装上雕刻好的雄鸡头，并刻出颈部羽毛和翅膀轮廓。（图3-6-11、图3-6-12）

图3-6-11
图3-6-12

⑤雕刻出翅膀和躯干的外形，刻出翅膀的覆羽、飞羽和尾部覆羽。（图3-6-13 ~ 图3-6-15）

图3-6-13
图3-6-14

⑥雕刻出主尾羽和副尾羽并组装，使雄鸡整体呈“U”字形。（图3–6–16、图3–6–17）

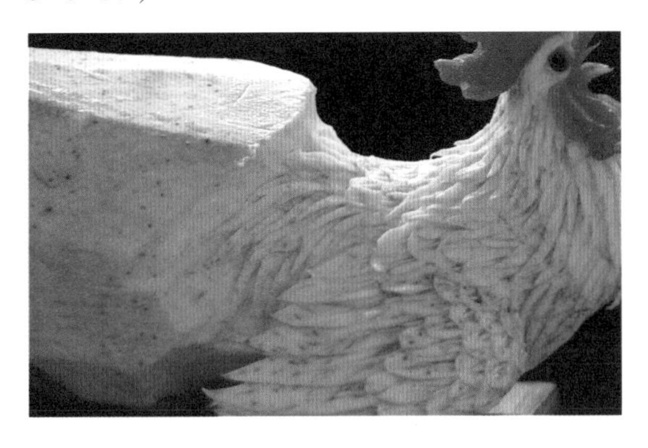

图3–6–15

图3–6–16

⑦雕刻一对腿爪，组装成形。（图3–6–18、图3–6–19）

图3–6–17

图3–6–18

⑧装上点缀品，整理修饰，完成整个作品。（图3–6–20）

图3–6–19

图3–6–20

成品要求

①造型完整，形象逼真。冠和肉垂比例恰当、突出。

②刀具、刀法运用熟练，下刀精准，废料去除干净。

行家点拨

①嘴长约为整个头长度的1/2，不可太长也不可太短。

②肉垂要大，以体现雄鸡的气势，长度以头和冠高度之和为佳。

③尾要长，与躯干长度相仿，尾短体现不出雄鸡的雄性气质。

④雕刻嘴时，每次下刀均要有略向上的弧形，不可走直线，更不要出现向下凹的弧形。

⑤雕刻嘴时，要使上、下嘴壳尽量弧形交接，避免“V”字形交接，因为上、下嘴壳的实际交接处是在脸腮部位（眼睛后下方）。

⑥雕刻各部位羽毛时，要统筹兼顾，背部的细羽毛要尽量覆盖到翅膀上方。另外，翅膀也可采用单独雕刻好再组装上去的方法。

拓展训练

①思考与分析：雄鸡和母鸡的造型有哪些区别？雄鸡的冠和戴胜的冠有什么区别？如何雕刻戴胜的冠羽？

②戴胜造型训练（图3-6-21、图3-6-22）。

图3-6-21/戴胜造型训练1
图3-6-22/戴胜造型训练2

任务七　禽鸟雕刻——雄鹰

主题知识

鹰是隼形目猛禽的典型代表，种类很多。人们一般将鹰科的鸟都俗称为鹰，包括各种鹰、雕、鹞等。鹰常在高空盘旋，那种居高临下、雄心万里的姿态，给人无限遐思。因此，鹰是文人墨客时常涉足的题材，常被人们称为雄鹰（图3-7-1、图3-7-2）。烹饪工作者也时常围绕雄鹰的形象进行创作。“鹏程万里”“大展宏图”“壮志凌云”等，更是庆功宴、送行宴的常用主题。

在禽鸟雕刻中，雄鹰的雕刻难度较大，要熟练掌握雄鹰的头、翅膀、腿爪的形态特征，才能够雕刻出雄鹰独特的气质。

图3-7-1 / 雄鹰1

图3-7-2 / 雄鹰2

任务实施

雄鹰的雕刻

工具：切刀、V型戳刀、U型戳刀、平口刀。

原料：南瓜等。

雕刻方法

①取一块原料，画出雄鹰的头部轮廓，修出头部外形。（图3-7-3、图3-7-4）

图3-7-3

图3-7-4

②在头初坯的前端落刀，刻出额头和嘴的轮廓，然后刀身与坯体成45°夹角，从前往后削去上、下嘴壳两侧的棱边废料，刻出嘴的鹰钩轮廓。从嘴角处起刀雕刻出过眼线，并雕刻出眼睛。（图3-7-5 ~ 图3-7-7）

图3-7-5

图3-7-6

③用V型戳刀或平口刀刻出头部的羽毛。注意羽毛的长短、大小要均匀变化。（图3-7-8）

图3-7-7
图3-7-8

④取一块原料，将其修成雄鹰躯干大形，组装上鹰头，并修出雄鹰躯干。（图3-7-9、图3-7-10）

图3-7-9
图3-7-10

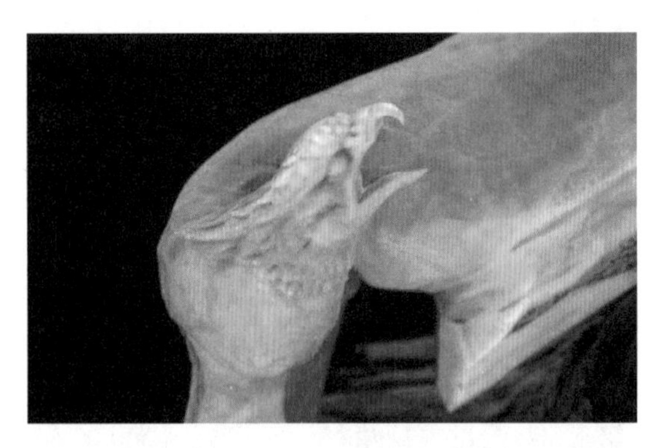

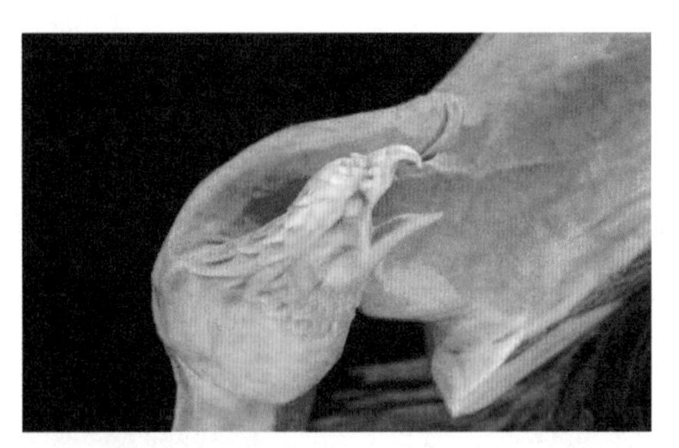

⑤用V型戳刀或平口刀刻出躯干羽毛。（图3-7-11）

图3-7-11

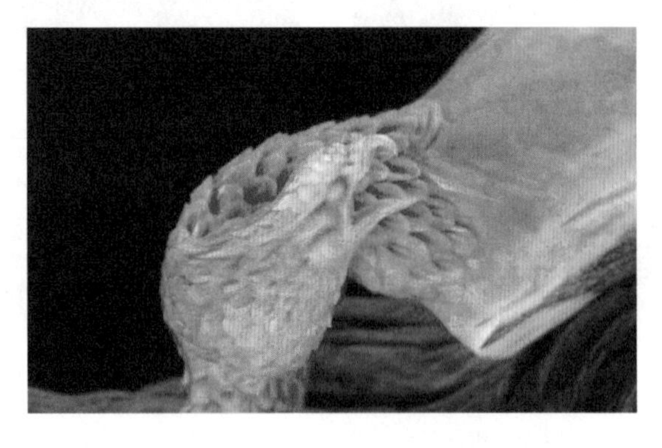

⑥借鉴圆尾雕刻方法雕刻尾羽，先雕刻出主尾羽和副尾羽，再用V型戳刀戳出羽干和羽丝。（图3-7-12、图3-7-13）

图3-7-12
图3-7-13

⑦翅膀的覆羽和飞羽分开雕刻。取一块原料，画出雄鹰翅膀的覆羽，根据所画的轮廓雕刻出翅膀的覆羽。另取原料雕刻出飞羽。飞羽自然弯曲成弧形，在弧形内沿雕刻出羽干，外沿雕刻出羽毛裂开的形态，并将羽毛边缘修薄。最后将雕刻好的覆羽和飞羽组装成完整的翅膀。（图3–7–14 ~ 图3–7–19）

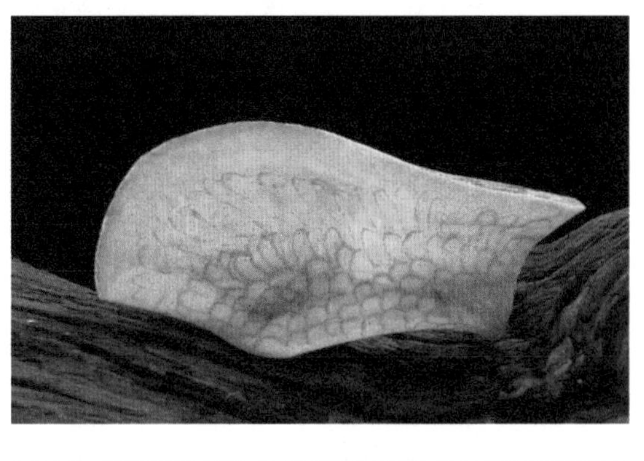

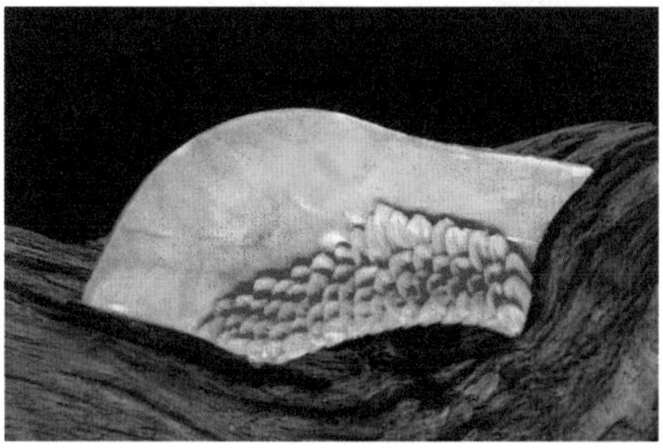

图3–7–14
图3–7–15

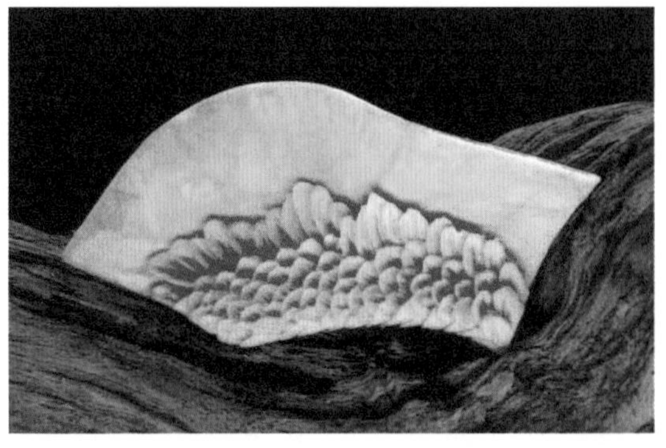

图3–7–16
图3–7–17

图3–7–18
图3–7–19

⑧取两块长方形的原料，画出鹰爪的大形，分别雕刻出几个趾，并组装成形。（图3–7–20 ~ 图3–7–22）

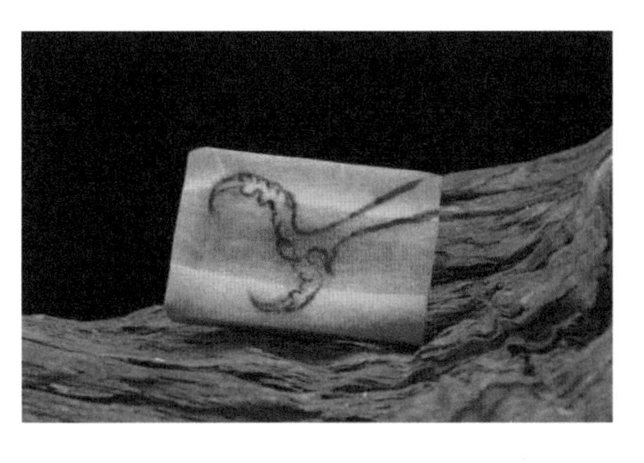

图3–7–20
图3–7–21

⑨组装成形。将雕刻好的各部位依次组装，去除废料，用青萝卜雕刻而成的云朵进行装饰，即完成整个作品。（图3–7–23）

图3–7–22
图3–7–23

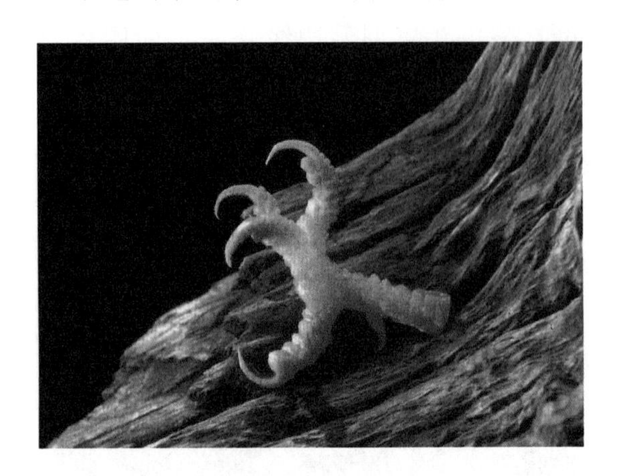

成品要求

①成品逼真、生动，各部位比例恰当。

②特征突出，准确把握嘴和眼的自然形态。

③刀法熟练，废料去除干净。

行家点拨

①下嘴壳的厚度约为上嘴壳厚度的1/3，去除上嘴壳两侧的棱边废料时，刀身应与坯体成45°，刀尖端沿顶角三分线走。这样所去废料会逐渐增厚，使上嘴壳形态自然。

②眼睛在前额与嘴角的1/2处，尽量靠近嘴角。雕刻眼睛时，刀身朝刀面方向与坯体成45°。

③尾巴的长度与头、颈的长度相仿。

④翅膀的长度约为雄鹰从头至尾长度的两倍。

⑤翅膀关节两侧长度比约为1：2。

⑥要控制每根飞羽的根部都汇聚于一点（朝向肩羽所在的关节位置），不然雕刻时容易出现羽毛两两平行、不汇聚的问题。

拓展训练

①思考与分析：雄鹰和鹦鹉的造型有什么不同？雕刻雄鹰要注意哪些要求？

②鹦鹉造型训练（图3–7–24、图3–7–25）。

图3-7-24/鹦鹉造型训练1
图3-7-25/鹦鹉造型训练2

任务八　禽鸟雕刻——锦鸡

主题知识

以红腹锦鸡为例。雄鸟羽色华丽，头具金黄色丝状冠羽，上体除上背浓绿色外，其余为金黄色，后颈被有橙棕色而缀有黑边的扇状羽，形成披肩状。下体深红色，尾羽黑褐色，满缀以桂黄色斑点（图3-8-1、图3-8-2）。雌鸟头顶和后颈黑褐色，其余体羽棕黄色，满缀以黑褐色虫蠹状斑和横斑，腿爪黄色。锦鸡（雄鸟）全身羽毛颜色互相衬托，赤橙黄绿青蓝紫俱全，光彩夺目，是驰名中外的观赏鸟类。

图3-8-1/红腹锦鸡1
图3-8-2/红腹锦鸡2

在雕刻过程中，锦鸡的头部、尾部是雕刻的重点和难点。另外，披肩羽也是锦鸡的一大特征，要注意与其他部位羽毛的形状区别。

任务实施

锦鸡的雕刻

工具：切刀、平口刀、U型戳刀、V型戳刀。

原料：胡萝卜等。

雕刻方法

①制坯。将两块胡萝卜拼接好，形成头部和躯干。（图3–8–3）

②将嘴的位置修成三角形，然后用U型戳刀戳出嘴壳线。确定双眼的位置，并雕刻出眼睛，先用V型戳刀戳出过眼线和冠羽，再用U型戳刀戳出眼球。雕刻出耳羽、后颈的披肩羽。（图3–8–4 ~ 图3–8–8）

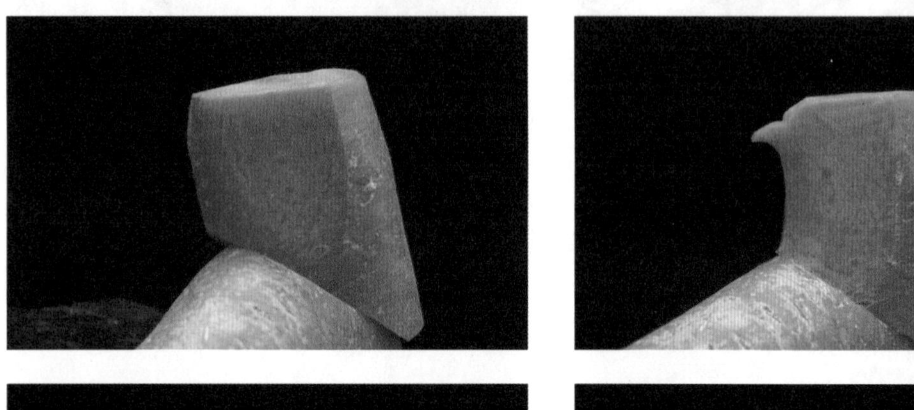

图3–8–3
图3–8–4

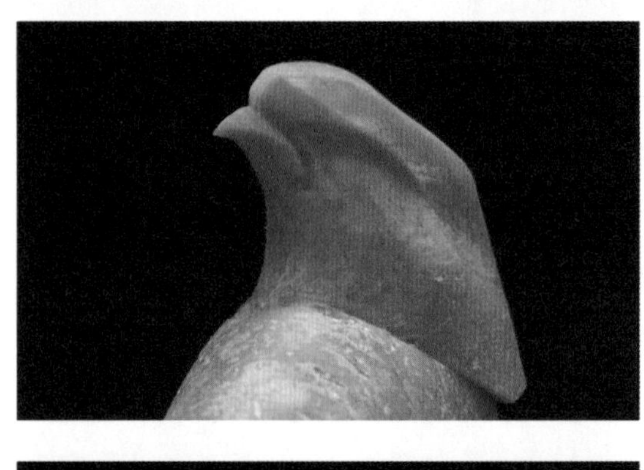

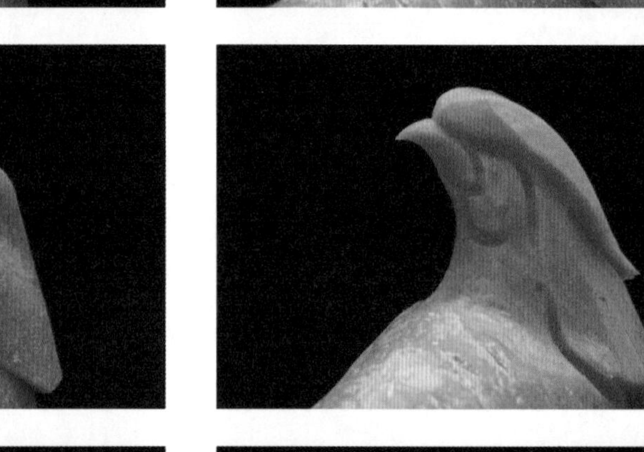

图3–8–5
图3–8–6

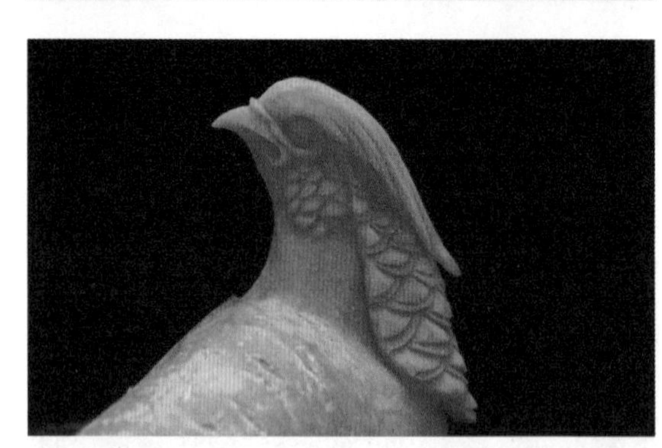

图3–8–7
图3–8–8

③用U型戳刀和V型戳刀戳出锦鸡躯干和翅膀的轮廓，并依次戳出肩羽、覆羽和飞羽。（如图3–8–9 ~ 图3–8–12）

图3–8–9
图3–8–10

图3-8-11
图3-8-12

④雕刻出尾羽轮廓，用V型戳刀戳出一层短、细的尾羽，另取原料雕刻出锦鸡的主、副尾羽和腿爪。（图3-8-13 ~ 图3-8-15）

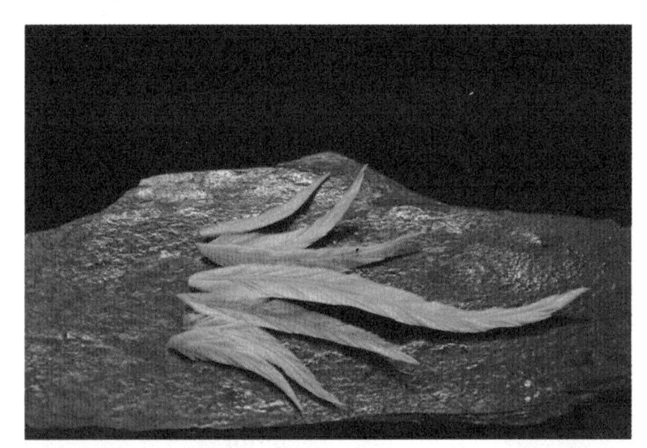

图3-8-13
图3-8-14

图3-8-15
图3-8-16

⑤将雕刻好的各部位组装成形，整理修饰，用青萝卜雕刻成树枝，点缀上花草，即完成整个作品。（图3-8-16、图3-8-17）

图3-8-17

成品要求

①造型完整，形象逼真，各部位比例恰当，特征突出。

②刀具、刀法运用熟练，成品无刀痕。

③各部位羽毛层次分明，废料去除干净。

行家点拨

①锦鸡雕刻，应结合鸳鸯和喜鹊的雕刻刀法和技巧。

②尾羽的长度约为躯干长度的2.5倍。

③嘴、翅膀、腿爪及尾羽可以单独雕刻再组装，组雕法不仅省料，而且容易把控造型。

拓展训练

①思考与分析：锦鸡头部的羽毛有哪些特点？雕刻锦鸡要注意哪些要求？

②白寿带造型训练（图3–8–18、图3–8–19）。

图3–8–18 / 白寿带造型训练1
图3–8–19 / 白寿带造型训练2

任务九　禽鸟雕刻——孔雀

主题知识

孔雀又名越鸟，被视为“百鸟之王”，是美丽的观赏鸟，也是吉祥、美丽、善良、华贵的象征。

孔雀的头较小，头上有一些竖立的羽毛，嘴较尖硬。雄鸟的羽毛很美丽，以翠绿、青蓝、紫褐等色为主（图3–9–1），也有白色的，并带有光泽。雄鸟尾部的羽毛延长成尾屏，有各种彩色的花纹，开屏时非常艳丽（图3–9–2）。雌鸟无尾屏，羽色也较单一。

孔雀雕刻在食品雕刻中运用极其广泛，以造型变化多端而深受食品雕刻创作者的喜爱。孔雀雕刻一般采用组雕，特别是尾部的造型，可以根据尾羽的不同设计来展示孔雀的各种姿态。

图3-9-1/孔雀1
图3-9-2/孔雀2

任务实施

孔雀的雕刻

工具：切刀、U型戳刀、V型戳刀、平口刀。

原料：青萝卜、胡萝卜、心里美萝卜等。

雕刻方法

①借鉴雄鹰头部的雕刻，取一块青萝卜粘上一小块胡萝卜，修出头和颈的初坯。仔细雕刻出孔雀的上、下嘴壳，眼睛，过眼线和颈部羽毛等。雕刻出冠羽，组装在头顶上。（图3-9-3～图3-9-8）

图3-9-3
图3-9-4

图3-9-5
图3-9-6

图3-9-7
图3-9-8

②另取一块原料，组装上雕刻好的孔雀头、颈，并修出孔雀的身躯和翅膀外形，依次刻出肩羽、覆羽和飞羽。（图3-9-9 ~ 图3-9-11）

图3-9-9
图3-9-10

③用两块胡萝卜雕刻出孔雀的两只腿爪，组装在雕刻好的躯干上，注意孔雀的腿爪形似雄鸡的腿爪，比较厚实。（图3-9-12、图3-9-13）

图3-9-11
图3-9-12

④借鉴凤尾雕刻方法，用V型戳刀和平口刀刻出尾羽，一般要刻出40片左右。（图3-9-14）

图3-9-13
图3-9-14

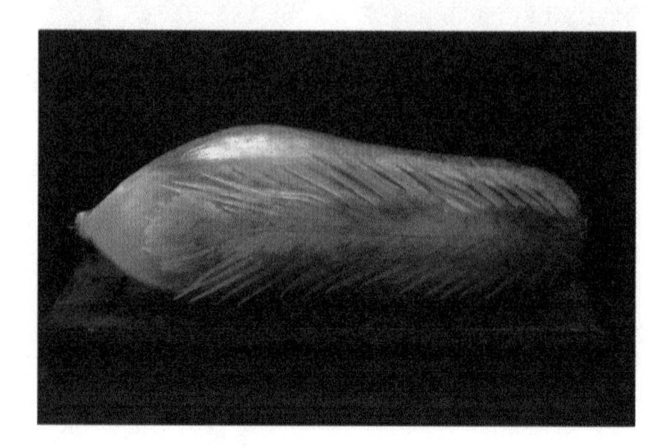

⑤拼接安装尾羽，整理修饰。将南瓜雕刻成树枝，并用花草等雕刻作品做点缀品，完成整个作品。（图3-9-15～图3-9-17）

图3-9-15

图3-9-16
图3-9-17

成品要求

①造型完整，形象逼真，各部位比例恰当，颜色搭配合理。

②尾羽长短不一，但拼装有序，层次分明，不留镶接痕迹。

③熟练运用刀具、刀法，废料去除干净。

行家点拨

①孔雀的嘴尖自然弯曲，上、下嘴壳线明显，颈部弯曲形态自然。

②尾羽是孔雀雕刻的关键，拼装时从后往前、从长到短，拼接处要自然、错落有致，整个尾长约是身长的3倍。

③孔雀的头呈三角形，孔雀的整体造型主要来自头的形态，雕刻时注意准确把握头的位置。

拓展训练

①思考与分析：孔雀和冠鹤的造型有什么不同？雕刻孔雀要注意哪些要求？

②冠鹤造型训练（图3-9-18、图3-9-19）。

图3-9-18/冠鹤造型训练1

图3-9-19/冠鹤造型训练2

任务十　禽鸟雕刻——凤凰

主题知识

凤凰（图3-10-1～图3-10-3）亦称为朱鸟、丹鸟、火鸟等。在神话中，凤凰每次死后，周身会燃起大火，然后在烈火中获得重生，并获得较之以前更强大的生命力，称为“凤凰涅槃”。如此周而复始，凤凰获得永生，故有“不死鸟”的称号。凤凰和麒麟一样，是雌雄统称，雄为凤，雌为凰，总称为凤凰。凤凰齐飞，是吉祥和谐的象征。凤凰的结构如图3-10-4所示。

龙凤呈祥是极具中国特色的图样。民间美术中也有大量的类似造型。尽管凤凰也分雄雌，但一般将其看作雌性。作为一种虚构的禽鸟，凤凰的雕刻难度较

图3-10-1/凤凰1

图3-10-2/凤凰2

图3-10-3/凤凰3

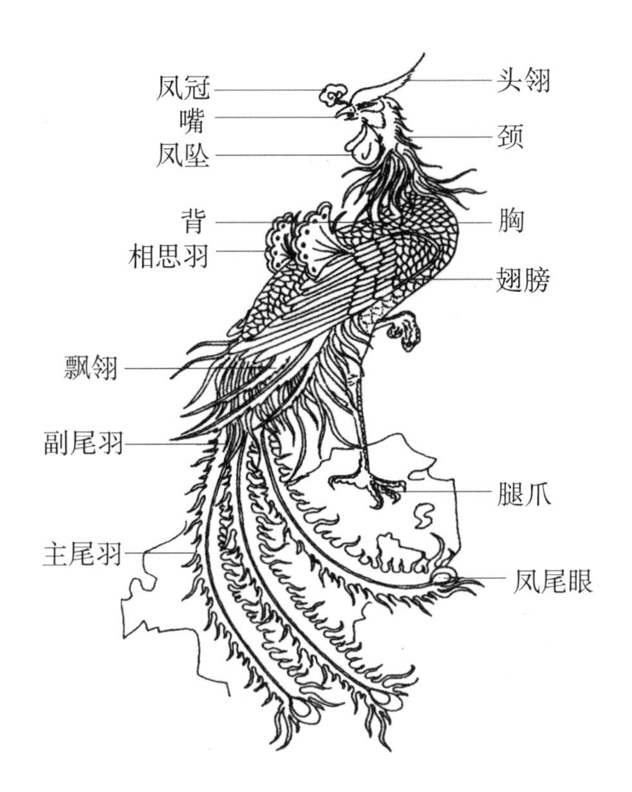

图3-10-4/凤凰的结构

大。在食品雕刻中，凤凰是多种禽鸟的组合体，如鸡嘴、燕颔等，只要熟练掌握和运用这些禽鸟特征，凤凰雕刻也就水到渠成了。

任务实施

凤凰的雕刻

工具：切刀、U型戳刀、V型戳刀、平口刀。

原料：南瓜（或胡萝卜、心里美萝卜、白萝卜）等。

雕刻方法

①取一块原料，在上面画出凤凰头部的外形。（图3-10-5）

②根据所画的外形，依次雕刻出头翎、凤冠、嘴、凤坠等。（图3-10-6～图3-10-8）

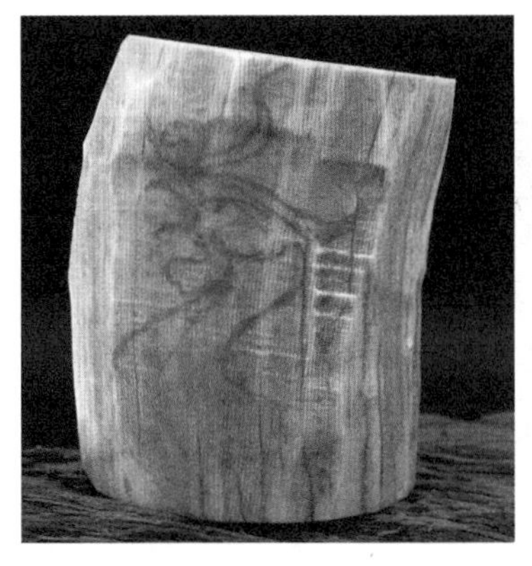

图3-10-5
图3-10-6
图3-10-7

③用V型戳刀戳出嘴壳线、凤冠、头翎等的细节。（图3-10-9、图3-10-10）

图3-10-8
图3-10-9
图3-10-10

④刻出过眼线，确定眼睛位置，刻出眼睛、眼眉线。以嘴角为起点下刀，雕刻凤坠细节，刻出颈部纹理。（图3-10-11～图3-10-13）

图3-10-11
图3-10-12
图3-10-13

⑤另取原料雕刻出凤凰颈部的羽毛并组装成形。（图3-10-14、图3-10-15）

图3-10-14
图3-10-15

⑥将凤凰头组装在另一块原料上，修出凤凰身躯的形状，雕刻出躯干部位的羽毛。（图3-10-16～图3-10-19）

图3-10-16
图3-10-17

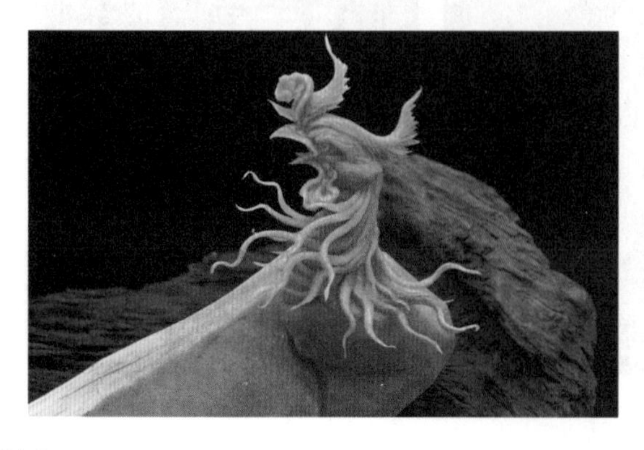

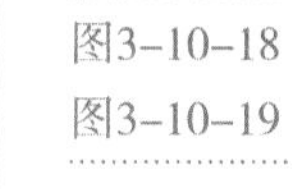

图3-10-18
图3-10-19

⑦根据禽鸟腿爪的雕刻方法，雕刻出凤凰的腿爪，组装成形。（图3-10-20、图3-10-21）

图3-10-20
图3-10-21

⑧雕刻一对翅膀，两只翅膀的造型可以不同。雕刻出三条长凤尾。将雕刻好的各部件组装成形，将南瓜雕刻成假山，并用花草等雕刻作品做点缀品，完成整个作品。（图3-10-22 ~ 图3-10-26）

图3-10-22
图3-10-23

图3-10-24
图3-10-25

图3-10-26

成品要求

①造型完整，形象逼真。

②凤凰各部位比例恰当，特征突出。

③刀法熟练，下刀精准，废料去除干净。

行家点拨

①凤凰头、躯干、尾的长度比例为1∶1∶3。

②凤凰雕刻的关键是雕刻出凤凰头部高贵、典雅的气质。另外，颈不能粗短。

③凤尾1条到9条不等，一般雕刻3条或5条。

拓展训练

①思考与分析：凤凰尾羽的造型有哪些特点？雕刻凤凰要注意哪些要求？

②凤凰造型训练（图3-10-27～图3-10-30）。

图3-10-27/凤凰造型训练1

图3-10-28/凤凰造型训练2

图3-10-29/凤凰造型训练3

图3-10-30/凤凰造型训练4

项目四　鱼虾雕刻

项目描述

在中国，鱼虾多有吉祥的美好内涵。例如，利用“鱼”与“余”的谐音，来表达“连年有余”“吉庆有余”的美好愿望。虾虽然有弯弯的身躯，却顺畅自如，如竹节般一节比一节高，象征遇事圆满顺畅、节节高升。因此，鱼虾是激流勇进、聪明灵活、吉祥如意的美好内涵的象征。通过学习雕刻神仙鱼、金鱼、鲤鱼、虾，应熟练掌握鱼虾雕刻的技巧和方法。熟练运用鱼鳞雕刻技法，能为今后学习雕刻龙、麒麟等畜兽，打下扎实的基础。

项目目标

①掌握各种鱼虾的结构形态以及雕刻步骤和操作要领。
②熟练运用刀具、刀法和雕刻技巧。
③学会雕刻常用鱼虾作品。
④牢记绿色发展理念，培养团队合作精神。

项目实施

任务一　鱼虾雕刻基础知识

主题知识

鱼虾雕刻相对简单，在雕刻的过程中，要把每种鱼虾的基本特征和特点表现出来，不同鱼虾的区别主要是整体形态的不同、头部的变化以及鱼鳍形状上的差异。其雕刻步骤、方法和技巧大同小异。

鱼在姿态造型上主要有张嘴、闭嘴、摇头摆尾、弹跳等。虾比较简单，就是身体的自然弯曲，但是不能把虾身雕刻成卷曲状。对于鱼虾，有些部位的雕刻也可以适当变形和适度夸张，如鱼尾、鱼鳍以及虾的颚足、步足等。

鱼在演化发展的过程中，由于生活方式和生活环境的差异，形成了多种多样与之相适应的体形。以淡水养殖的鱼为例，大致有如下三种体形。

一是纺锤形。这种体形的鱼头、尾稍尖，身体中段较粗大，其横断面呈椭圆形，侧视呈纺锤状，如草鱼、鲤鱼、鲫鱼等。

二是侧扁形。鱼身较短，两侧很扁而背腹轴高，侧视略呈菱形。这种体形的鱼，通常适于在较平静或缓慢流动的水体中活动，鳊鱼、团头鲂等属此类型。

三是圆筒形。鱼身长，横断面呈圆形，侧视呈棍棒状，如鳗鲡、黄鳝等。

鱼的种类很多，虽然在外形上差别很大，但是结构上的区别较小。从食品雕刻角度来看，鱼的身体可以分为鱼头、鱼身、鱼尾三个部分（图4-1-1）。鱼的头部主要有嘴、眼、鳃、鼻孔，有些鱼在嘴部还长有触须。鱼头占鱼身的比例会以鱼的种类不同而有所变化。鱼眼位于头部前方偏上的位置，不能闭合。鳃是鱼的呼吸器官，鱼的鼻孔很小，不易被发现。鱼身部分主要有鱼鳞、鱼鳍（胸鳍、腹鳍、臀鳍、背鳍）等。鱼尾（尾鳍）比较灵活，有燕尾形、剪刀形等。

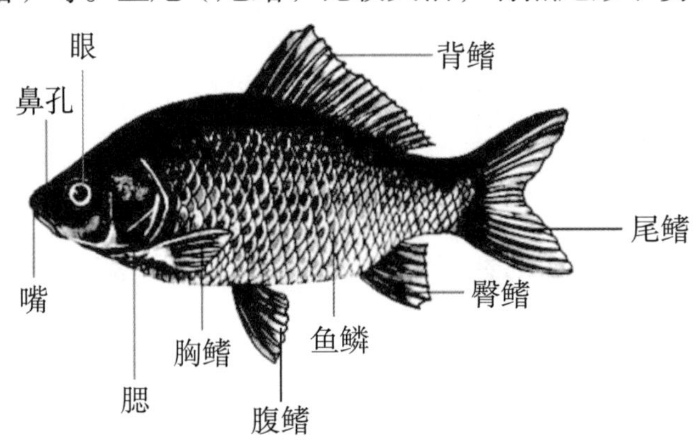

图4-1-1/鱼的结构

任务二　鱼虾雕刻——神仙鱼

主题知识

神仙鱼（图4-2-1、图4-2-2），又名燕鱼、天使鱼、小鳍帆鱼等，头小而尖，体侧扁，呈侧扁形。神仙鱼的背鳍和臀鳍很大，挺拔如三角帆，故有小鳍帆鱼之称。从侧面看，神仙鱼的游动如同燕子翱翔，故神仙鱼又称燕鱼。

神仙鱼比较扁平，在食品雕刻中，造型单一容易成形，雕刻手法容易掌握，是学习鱼虾雕刻的基础。

图4-2-1/神仙鱼1
图4-2-2/神仙鱼2

任务实施

神仙鱼的雕刻

工具：平口刀、 切刀、U型戳刀、V型戳刀、拉刻刀。

原料：南瓜（或胡萝卜）等。

雕刻方法

①取一块原料，在上面画出神仙鱼的外形轮廓。（图4-2-3）

②按所画神仙鱼的轮廓线运刀，去除外部废料，修出神仙鱼的形状。（图4-2-4）

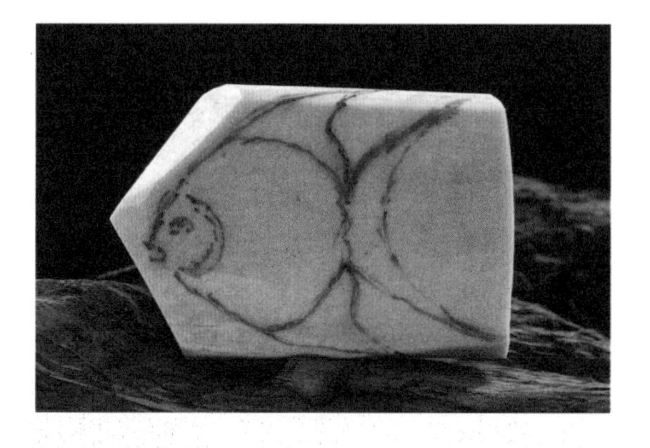

图4-2-3
图4-2-4

③用U型戳刀戳出嘴壳线。（图4-2-5）

④刻出神仙鱼的鳃。（图4-2-6）

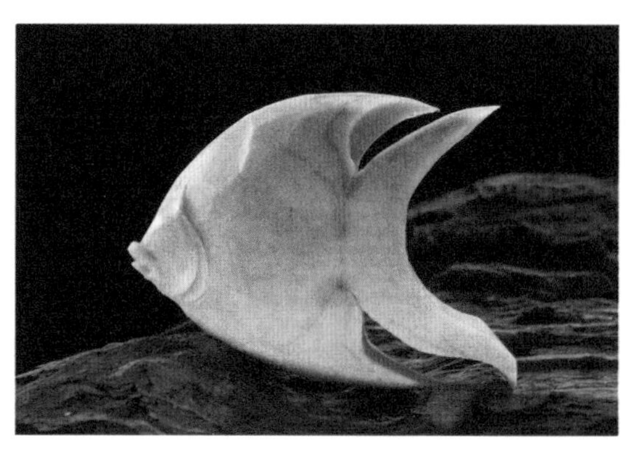

图4-2-5
图4-2-6

⑤先刻出身体轮廓，再刻出鱼鳞。（图4–2–7、图4–2–8）

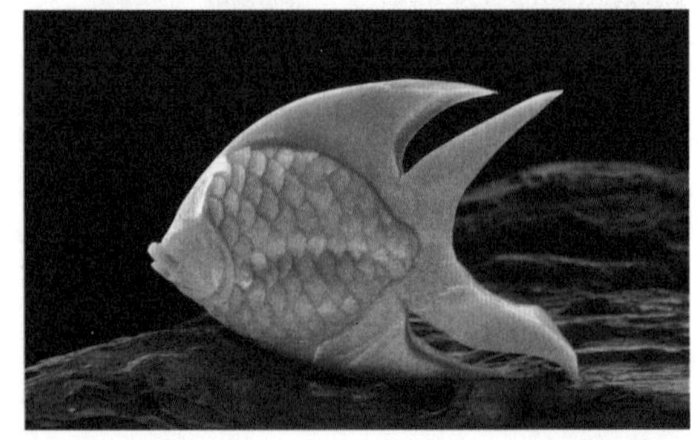

图4–2–7
图4–2–8

⑥用V型戳刀或拉刻刀戳出神仙鱼背鳍、臀鳍、尾鳍上的条纹，将边缘修薄。（图4–2–9、图4–2–10）

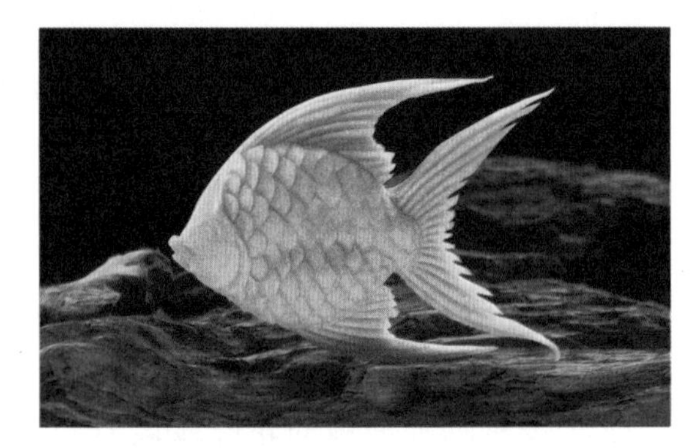

图4–2–9
图4–2–10

⑦用U型戳刀戳出眼睛。（图4–2–11）

⑧粘贴上胸鳍和腹鳍，整理修饰，点缀完成整个作品。（图4–2–12）

图4–2–11
图4–2–12

成品要求

①造型逼真，比例恰当。

②刀法熟练，鱼鳞大小均匀，废料去除干净。

行家点拨

①刻神仙鱼的鱼鳞时，下刀角度控制在30°左右。

②胸鳍和鱼身长度的比例为1∶1左右。

③神仙鱼鱼鳍的雕刻要注意线条的流畅和灵动，这是体现神仙鱼鲜活特征的重要元素。

拓展训练

①思考与分析：神仙鱼的造型有什么特点？雕刻神仙鱼要注意什么要求？

②其他热带鱼造型训练（图4-2-13、图4-2-14）。

图4-2-13/热带鱼造型训练1
图5-2-14/热带鱼造型训练2

任务三　鱼虾雕刻——金鱼

主题知识

金鱼（图4-3-1、图4-3-2）是常见的观赏鱼类，身姿奇异，色彩绚丽，为人们所喜爱。金鱼有长身和短身两种体形，体色有灰、橙、红、黑、白、紫、蓝、杂斑、五花等颜色。金鱼的头较大，有平头、狮头、虎头、鹅头和绒球等种类，除平头种类外，其他种类头部多生有草莓状的瘤。金鱼的眼凸出，眼球膨大，按形状有龙睛、朝天眼、水泡眼、蛙头等分别。金鱼的鳞片除正常鳞外，尚有透明鳞、珠鳞等。透明鳞看似一片玻璃；珠鳞的鳞片边缘色深，中央色浅而外凸，犹如镶嵌的珍珠一般。金鱼背鳍有或无；臀鳍单鳍或双鳍；尾鳍亦有单尾及双尾两种，双尾鳍中有的分为三叶，有的分为四叶，均形大而披散。

金鱼的种类很多，形态差异大，雕刻的方法和技巧却大同小异。虎头、龙睛两种是人们熟悉的金鱼种类，体形小，尾鳍大，眼睛、额头凸出，形象憨态可掬，引

图4-3-1/金鱼1
图4-3-2/金鱼2

人喜爱，在食品雕刻中往往把这两种金鱼的体态特征呈现在一起。

任务实施

金鱼的雕刻

工具：切刀、平口刀、U型戳刀、V型戳刀、拉刻刀。

原料：胡萝卜等。

雕刻方法

①取一块原料，借鉴神仙鱼的雕刻方法修出金鱼的外形（图4-3-3～图4-3-6）。

图4-3-3
图4-3-4

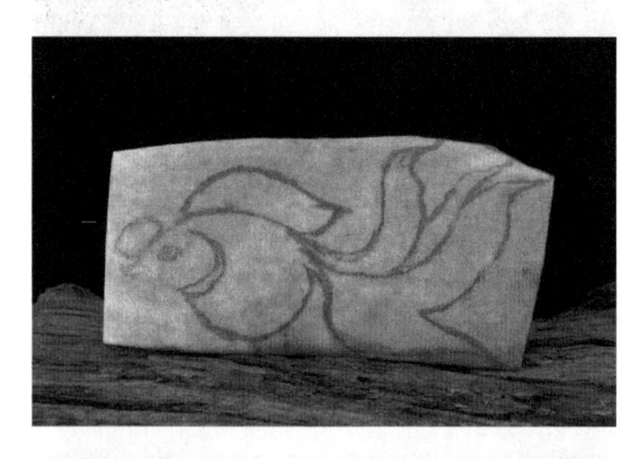

图4-3-5
图4-3-6

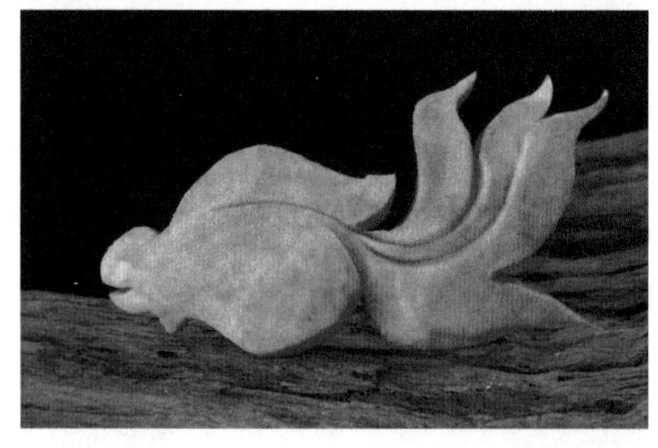

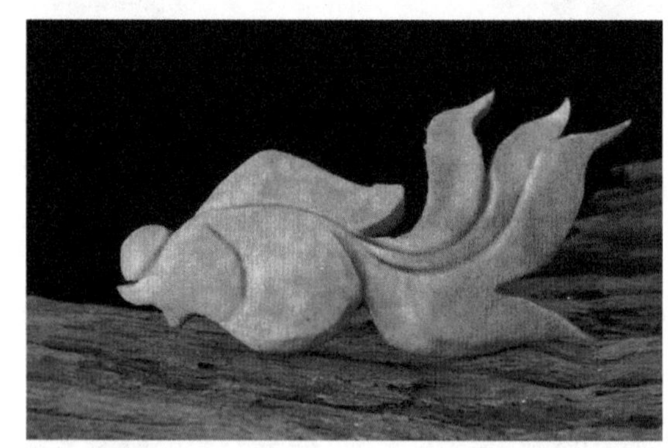

②用U型戳刀戳出金鱼的嘴壳线（图4-3-7）。

③用V型戳刀戳出颗粒状的头顶，刻出金鱼的鳃，装上眼睛（图4-3-8、图4-3-9）。

图4-3-7
图4-3-8

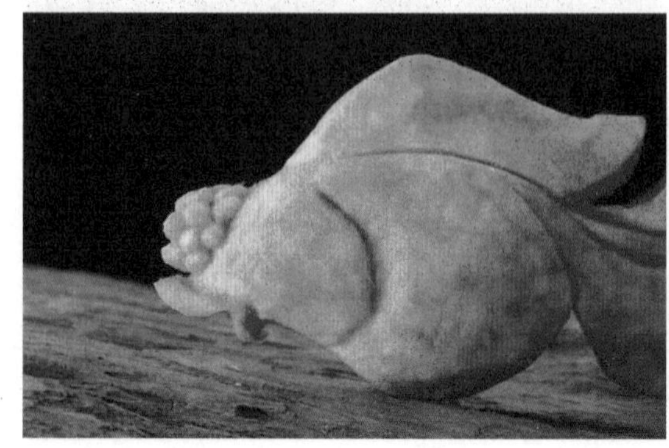

④从前至后，刻出金鱼的鳞片（图4-3-10）。

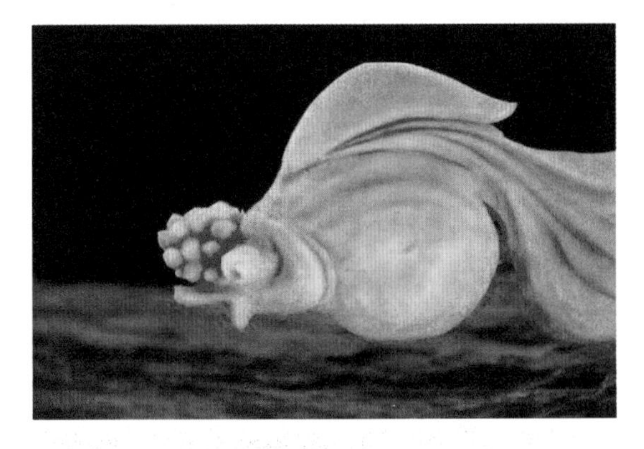

图4-3-9
图4-3-10

⑤用V型戳刀或拉刻刀戳出金鱼背鳍和尾鳍上的条纹，将边缘修薄（图4-3-11、图4-3-12）。

图4-3-11
图4-3-12

⑥组装上胸鳍、腹鳍，整理修饰，点缀完成整个作品（图4-3-13、图4-3-14）。

图4-3-13
图4-3-14

成品要求

①造型完整，形象逼真。

②鳞片大小均匀过渡，位置前后错开，鱼尾轻盈、飘逸。

③刀法娴熟，废料去除干净。

行家点拨

①鱼身、鱼尾的长度比例控制在1∶1.5。

②鱼鳞的雕刻一般分为三种方法：第一种方法是直接用平口刀，刻一刀去一

层废料；第二种方法是用U型戳刀，戳一刀去一层废料；第三种方法最为简洁，直接用拉刻刀划出轮廓。这三种方法推荐第一种，也就是图示中呈现的，以这种方法刻出的鱼鳞最具立体感。

拓展训练

①思考与分析：常见的金鱼种类有哪些？雕刻金鱼要注意哪些地方？

②不同种类金鱼造型训练（图4-3-15、图4-3-16）。

图4-3-15/金鱼造型训练1
图4-3-16/金鱼造型训练2

任务四　鱼虾雕刻——鲤鱼

主题知识

鲤鱼（图4-4-1、图4-4-2）是富余、吉庆、幸运的象征。在民间，有“鲤鱼跃龙门”一说。“鱼”与“余”谐音，又有“年年有余”“富足有余”“富贵有余”“吉庆有余”等祝语，故民间有过年要给亲戚朋友送鲤鱼、婚宴最后一道菜必须是一条大鲤鱼的习俗。除了“鲤”与“利”同音外，鲤鱼产卵多，有多子多福的含义，所以结婚喜帖、新娘嫁妆以鲤鱼为纹饰的现象也十分普遍。

图4-4-1/鲤鱼1
图4-4-2/鲤鱼2

在食品雕刻中，鲤鱼的形态一般雕刻成跳跃的样子，整体造型主要的变化来自尾鳍的姿态。

任务实施

鲤鱼的雕刻

工具：切刀、平口刀、U型戳刀、V型戳刀、拉刻刀。

原料：南瓜等。

雕刻方法

①在原料上画出鲤鱼的头部轮廓（图4–4–3）。

②修出整条鲤鱼的外形，注意背鳍线的走向（图4–4–4、图4–4–5）。

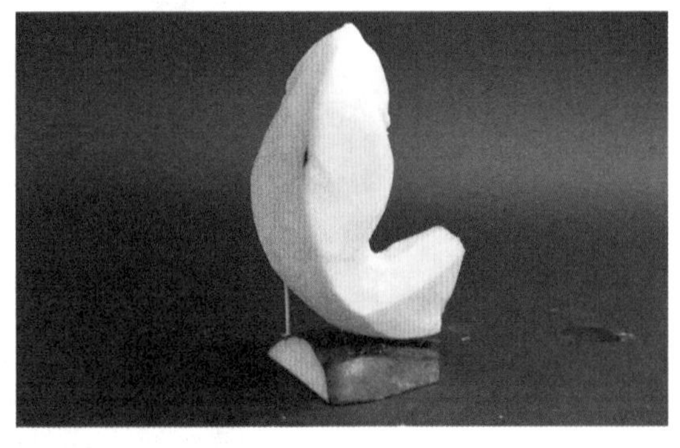

图4–4–3
图4–4–4

③刻出鱼嘴。用平口刀刻出鱼鳃（图4–4–6）。

图4–4–5
图4–4–6

④将鲤鱼身体修光滑，组装上背鳍，修整鲤鱼的尾鳍（图4–4–7）。

⑤用平口刀或拉刻刀刻出鲤鱼的鳞片以及尾鳍上的条纹（图4–4–8）。

图4–4–7
图4–4–8

⑥另取四块小料，分别刻出胸鳍和腹鳍（图4–4–9）。

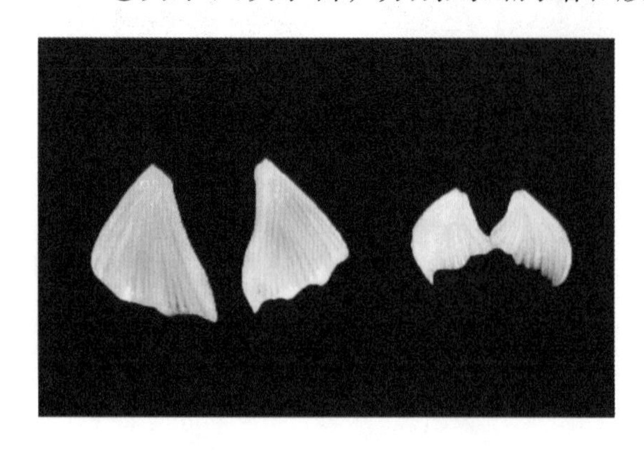
图4–4–9

图4–4–10

⑦将刻好的胸鳍和腹鳍组装在鱼身上，修整完毕后，用荷花、荷叶等点缀即可（图4–4–10、图4–4–11）。

图4–4–11

成品要求

①造型完整，形象逼真，各部位比例协调。

②鲤鱼鳞片大小均匀过渡，位置前后错开。

③刀法娴熟，下刀精确，废料去除干净。

行家点拨

①鱼头一般占鱼身的1/3，也可以适当大一些，鱼眼应点缀在鱼头的中上部。

②鲤鱼尾鳍和背鳍的处理是作品成败的关键，尾鳍要突出向“内侧翻腾”的效果，背鳍也要适当大一点。

拓展训练

①思考与分析：鲤鱼的结构有哪些特点？鲤鱼和龙鱼的形态特征有什么区别？

②龙鱼造型训练（图4-4-12、图4-4-13）。

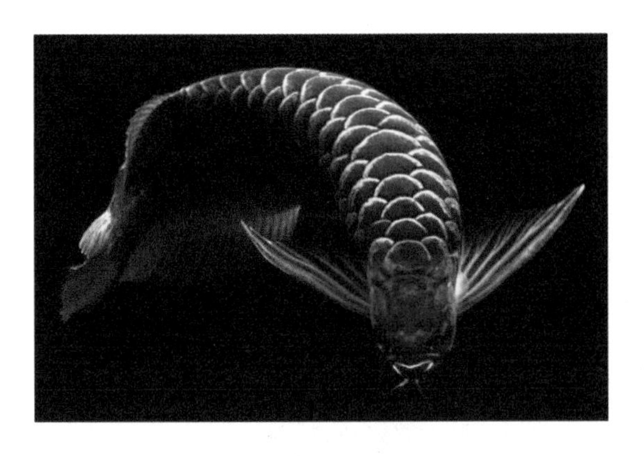

图4-4-12/龙鱼造型训练1
图4-4-13/龙鱼造型训练2

任务五 鱼虾雕刻—— 虾

主题知识

虾（图4-5-1、图4-5-2）寓意“弯弯顺”，即前进则节节高升，后退则海阔天空。虾的眼睛圆而鼓，明亮中又多了几分凝神静气，双钳有力，虾须疏密有致，加上虾身弯曲顺畅，有力而顺滑，可谓端庄典雅、生动可人。

图4-5-1/虾1
图4-5-2/虾2

虾的雕刻简单，作品容易成形。虾的雕刻训练能帮助初学者更好地运用动势曲线。下面的畜兽雕刻及人物雕刻都将运用这一特点，因此熟练掌握虾的雕刻非常重要。

任务实施

虾的雕刻

工具：平口刀、切刀、V型戳刀。

原料：胡萝卜等。

雕刻方法

①选一块原料，按虾的背部轮廓线运刀，去除外部废料，修出虾的大形（图4–5–3、图4–5–4）。

图4–5–3
图4–5–4

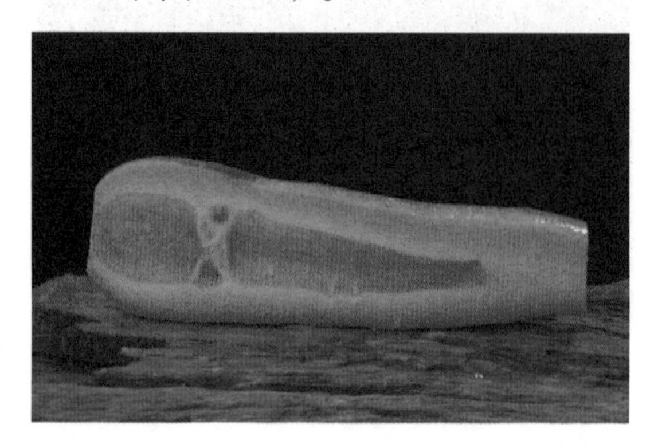

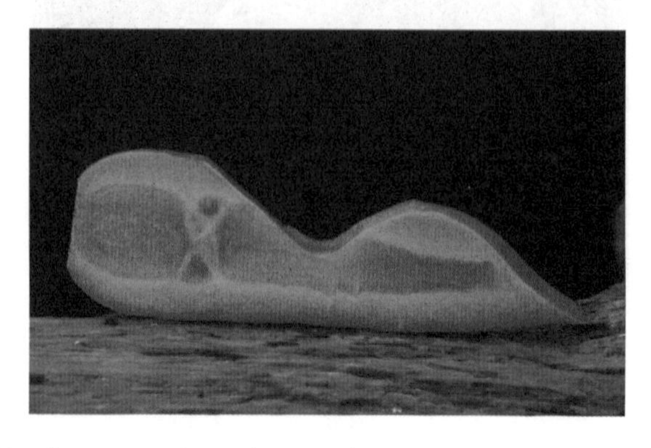

②在虾头部位置左右各斜刻一刀，然后用U型戳刀戳出眼窝，并刻出锯齿状的额剑（图4–5–5、图4–5–6）。

图4–5–5
图4–5–6

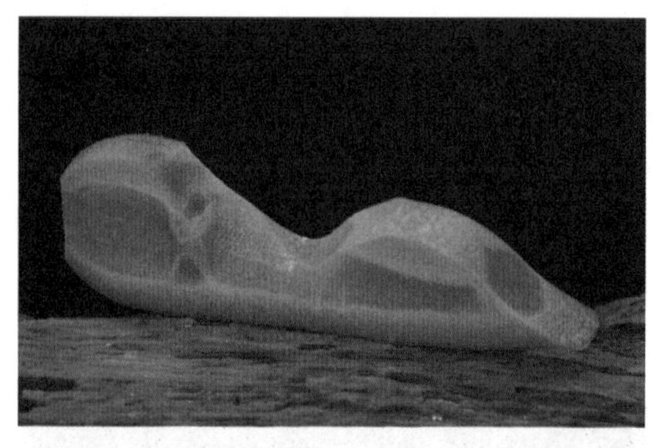

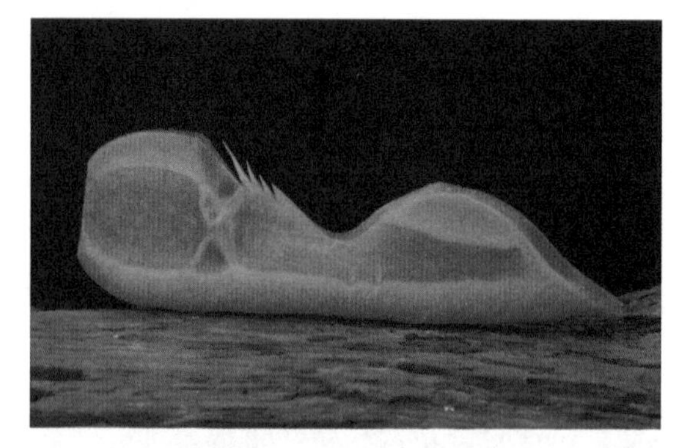

③以额剑为准心，先刻出三角形的头部轮廓，再依次刻出虾的体节和虾尾（图4–5–7 ~ 图4–5–10）。

图4–5–7
图4–5–8

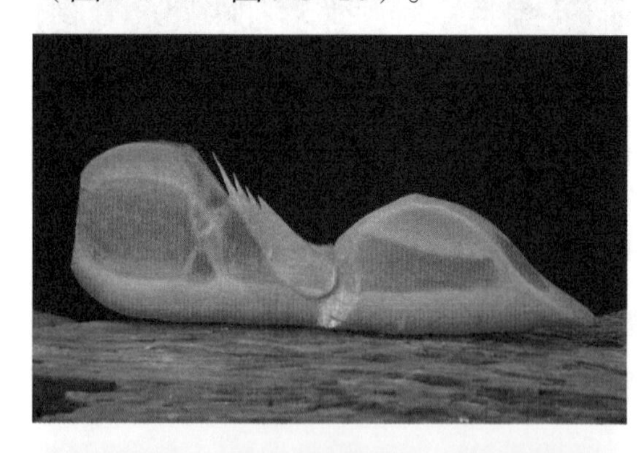

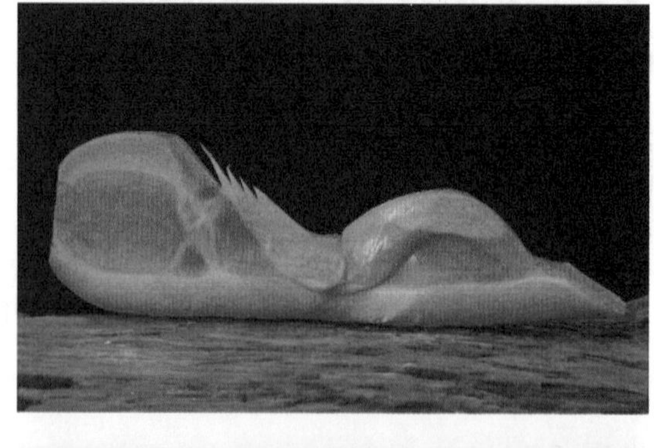

图4–5–9
图4–5–10

④在头部顶端刻出一对护甲，凸显整个头部。在头部位置下面刻出虾的颚足，在体节下面刻出虾的步足。去除腹部废料，凸显虾身（图4-5-11 ~ 图4-5-14）。

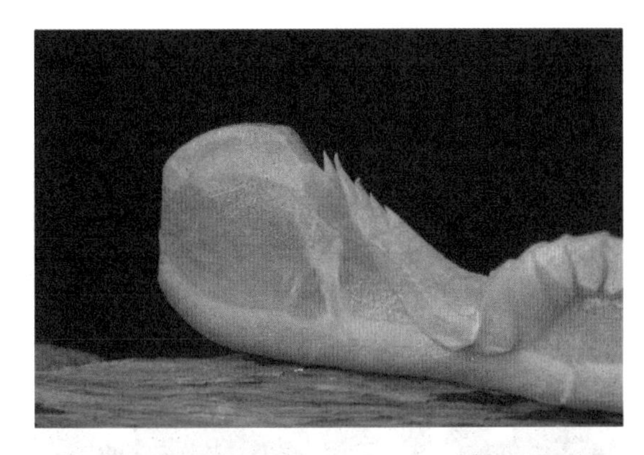

图4-5-11
图4-5-12

图4-5-13
图4-5-14

⑤点缀修饰，完成整个作品（图4-5-15、图4-5-16）。

图4-5-15
图4-5-16

成品要求

①造型完整，形象逼真，虾身弯曲形态自然。

②刀法娴熟，下刀精准，废料去除干净。

行家点拨

①去除体节间废料时进刀角度控制在30°左右。

②雕刻体节时，要注意体节的长度要逐渐缩短，包裹要严密。

③虾头和虾身的长度比例一般为1∶2左右。

④虾须的雕刻要注意线条的流畅和灵动，这是体现虾鲜活特征的重要元素。

拓展训练

①思考与分析：常见虾的种类有哪些？如何能让虾身弯曲自然？

②龙虾造型训练（图4-5-17、图4-5-18）。

图4-5-17/龙虾造型训练1

图4-5-18/龙虾造型训练2

项目五　畜兽雕刻

项目描述

畜兽和人类的关系密切，许多畜兽和人类还有很深的感情，在我国的传统文化中还被赋予很多美好而吉祥的含义。因此，一些畜兽题材的艺术作品往往能得到人们的喜爱。畜兽雕刻主要的题材有牛、羊、马、兔、鹿、老虎、狮子、麒麟、龙等。畜兽种类很多，它们形态各异，雕刻难度较高，必须熟练掌握它们的身体结构特征以及尺寸比例，灵活运用各种刀法和技巧才能雕刻出形象逼真的畜兽作品。

本项目主要是学习畜兽雕刻，包括兔、羊、马、麒麟、龙五种畜兽的雕刻。龙是虚构的，具有许多畜兽的特征，是本项目的重点学习内容。掌握龙的雕刻方法和技巧，可以举一反三掌握其他畜兽的雕刻。

项目目标

①掌握畜兽雕刻的造型特征。

②掌握畜兽雕刻的刀法和雕刻技巧。

③培养人与自然和谐相处的意识以及举一反三的工作热情。

项目实施

任务一　畜兽雕刻基础知识

主题知识

食品雕刻中的畜兽种类很多，可以简单地归纳为温顺畜兽和凶猛畜兽两类。温顺畜兽如猪、牛、羊、马、鹿、骆驼、兔、猫、狗等，凶猛畜兽（包括神话传说中的神兽）如老虎、狮子、麒麟、龙等。畜兽的身体结构一般分为头、颈、躯干和四肢四个部分。头是畜兽的重要特征之一，形态差距最大，也是畜兽雕刻的难点。在体态结构上，畜兽有许多共同点。

一是畜兽的脊椎是弯曲的。当畜兽的头处于正常位置时，脊椎会从头部向下弯曲直到尾部。

二是畜兽的胸腔部位一般占据躯干一半以上的体积。

三是畜兽的前肢一般要比后肢短。前肢的形状接近直线形，和后肢相比，前肢就像支撑身体的柱子。

四是躯干结构特征比较相似，去除头、颈和四肢，畜兽躯干的长度一般是宽度的两倍。

任务二　畜兽雕刻——兔

主题知识

兔是兔形目兔科下属所有属的总称。兔（图5-2-1、图5-2-2）具有管状长耳（耳长大于耳宽数倍），簇状短尾，比前肢长得多的强健后肢。兔的耳朵长而大，甚至可超过头的长度；也有部分品种兔的耳朵较小、呈下垂状。兔耳朵的形状、长度和厚薄也能反映品种的特点。兔嘴较短，有上、下唇，其中上唇有纵裂，是典型的三瓣嘴，门齿外露，嘴边有触须。兔的鼻孔较大，呈椭圆形，内缘与上唇纵裂相连。兔的被毛大多是白、黑、灰、灰白、灰褐、黄灰、浅土黄色或夹花的。兔的尾巴短小并且毛茸茸的，非常可爱。因为具有长而强健的后肢，兔非常擅长跳跃。

图5-2-1/兔1
图5-2-2/兔2

在食品雕刻中，兔是无角畜兽雕刻的基础，其他很多无角畜兽（如马、猫）都是在兔的雕刻基础上进行变化和创造的。

任务实施

兔的雕刻

工具：切刀、平口刀、V型戳刀、U型戳刀。

原料：南瓜等。

雕刻方法

①取一块原料，先在原料的表面确定雕刻位置，画出兔的轮廓，刻出梯形截面确定头部位置。在截面上从嘴至耳根，刻出头部大形，确定耳朵的位置，修出鼻子外轮廓（图5–2–3 ~ 图5–2–5）。

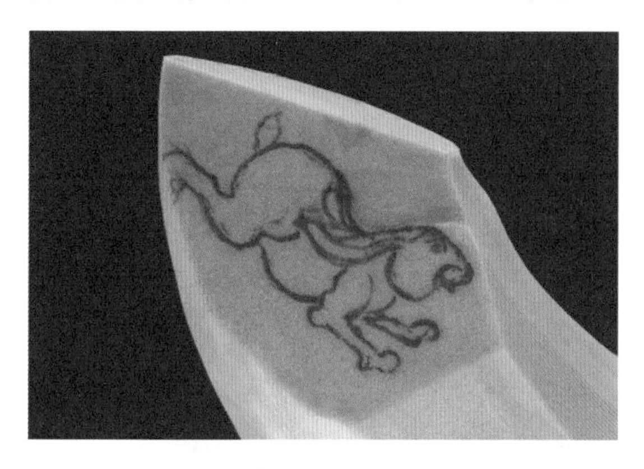

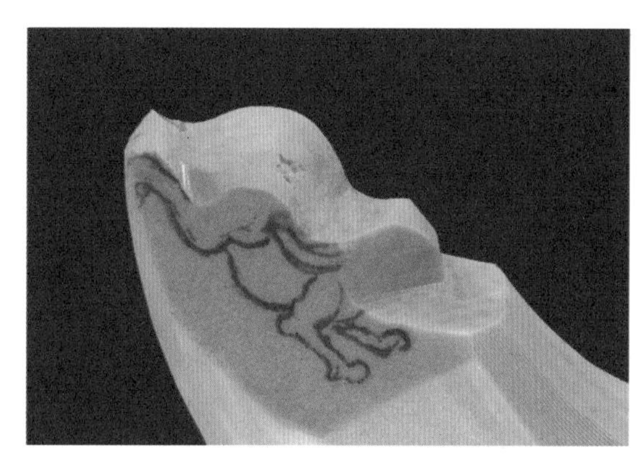

图5–2–3
图5–2–4

②用V型戳刀和平口刀刻出鼻尖和嘴，注意嘴的形状，鼻尖与上唇纵裂相连。用U型戳刀戳出眼睛的位置，用平口刀刻出眼睛（图5–2–6、图5–2–7）。

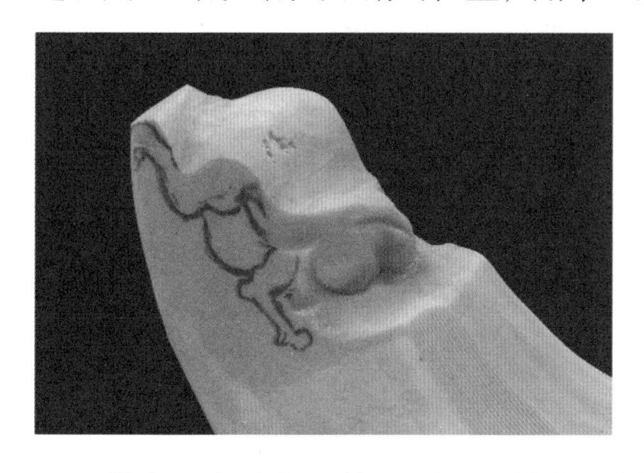

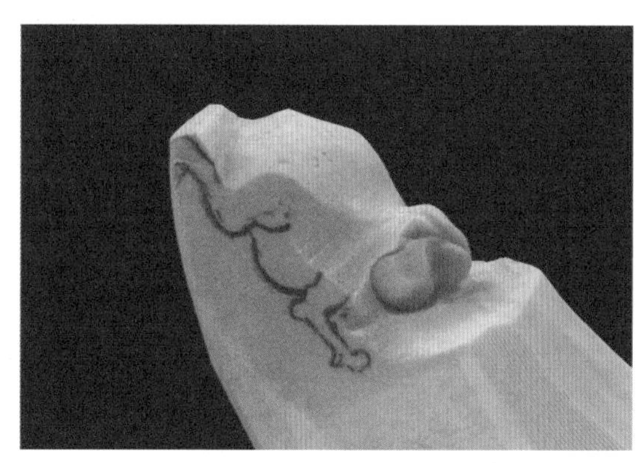

图5–2–5
图5–2–6

③在眼角处起刀修出耳朵的轮廓，刻出兔耳朵（图5–2–8、图5–2–9）。

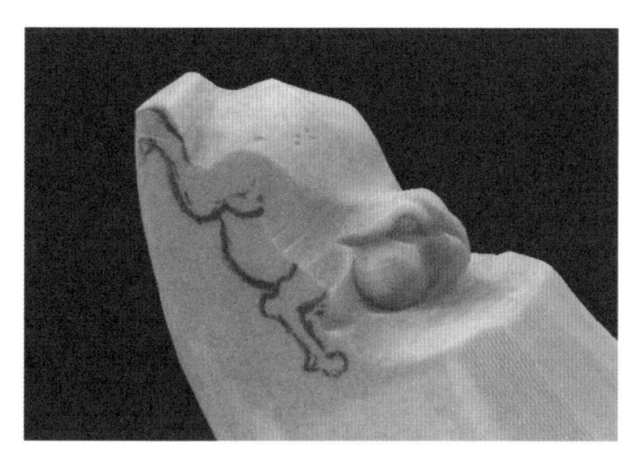

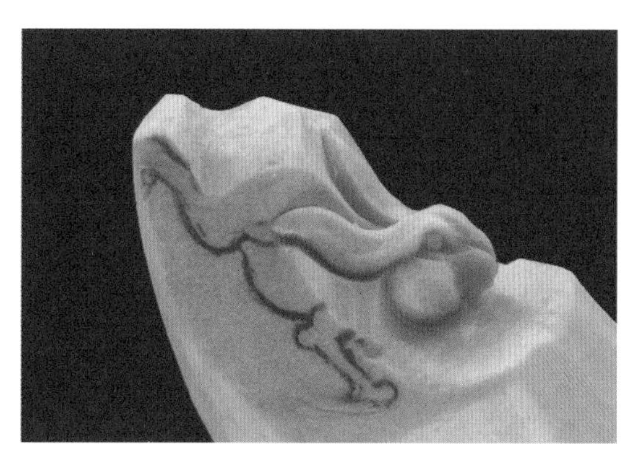

图5–2–7
图5–2–8

④在耳根后方起刀修出躯干和四肢的轮廓，刻出躯干、四肢，装上兔尾（图5-2-10～图5-2-12）。

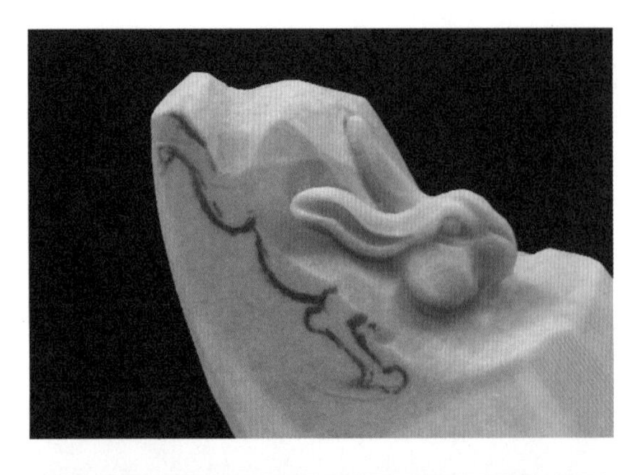
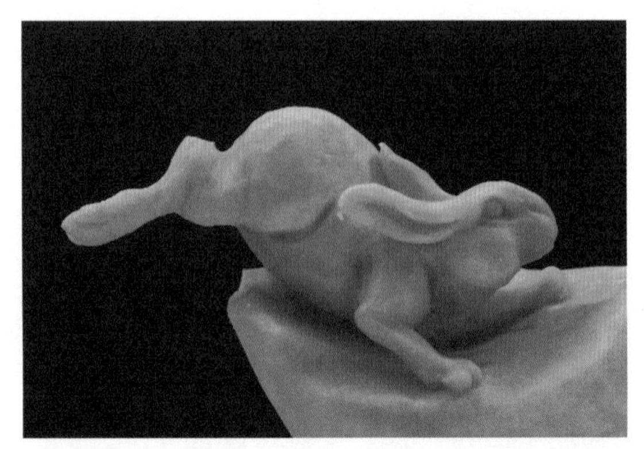

图5-2-9
图5-2-10

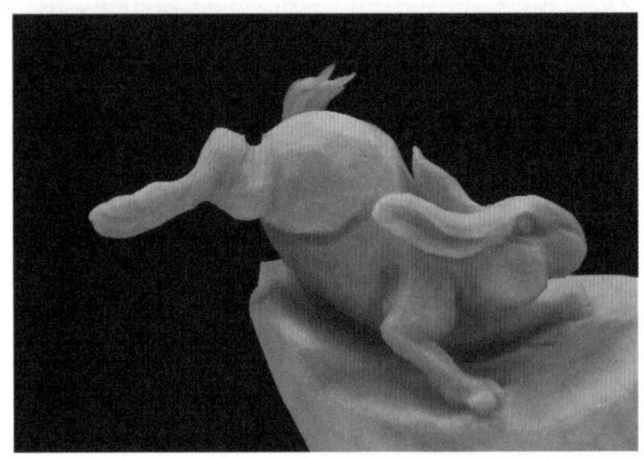
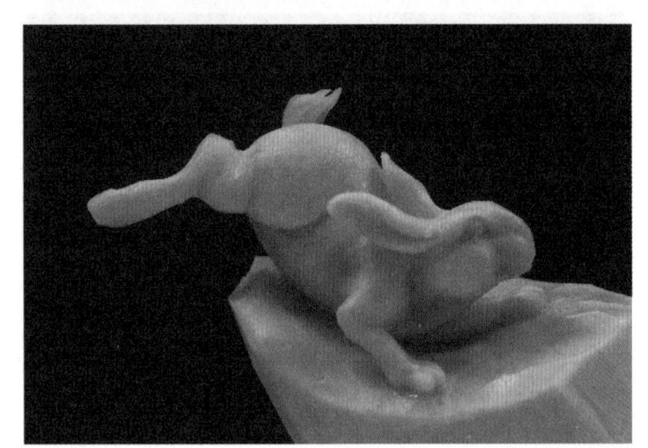

图5-2-11
图5-2-12

⑤整理修饰，添加一些点缀品，完成整个作品（图5-2-13）。

图5-2-13

成品要求

①造型完整，形象逼真，各部位比例协调。

②刀法娴熟，下刀精准，废料去除干净，无刀痕。

行家点拨

①长耳朵、三瓣嘴、短尾巴的形态是兔的主要特征，注意耳朵的长度约是头长度的1.5倍。

②兔的前肢比后肢要短，长度比例一般为1∶2，躯干应圆润显富态。

拓展训练

①思考与分析：兔的造型有哪些？兔的雕刻要注意哪些要求？

②松鼠造型训练（图5-2-14、图5-2-15）。

图5-2-14/松鼠造型训练1

图5-2-15/松鼠造型训练2

任务三　畜兽雕刻——羊

主题知识

羊（图5-3-1、图5-3-2）在人们心目中是“温驯、厚道、吉祥”的象征。吉祥图中多画三只羊，题作“三阳开泰”。农历正月为泰卦，三阳开泰指冬去春来，阴消阳长，有吉利之相，故为一年开头的吉祥语。在早期的汉字中没有“祥”，便以“羊”字假借，因此，羊不但成为祥的代号，其对象也视为祥。羊在食品雕刻中常常作为吉祥物来表现主题。

图5-3-1/羊1

图5-3-2/羊2

在食品雕刻中，了解和熟悉羊的基本形态结构是学习羊的雕刻的前提，羊的雕刻是畜兽雕刻中有角畜兽雕刻的基础，其他有角畜兽的雕刻都是在羊的雕刻基础上变化、创造的，因此，熟练掌握羊的雕刻方法极其重要。

任务实施

羊的雕刻

工具：切刀、平口刀、V型戳刀、U型戳刀。

原料：香芋等。

雕刻方法

①取一块原料，修成近似长方体的形状，将头顶的位置修成外凸的弧面，再在弧面的1/2处修出一个凹面，确定眼睛、鼻子的位置，刻出鼻梁和鼻子（图5–3–3～图5–3–6）。

图5–3–3
图5–3–4

图5–3–5
图5–3–6

②用U型戳刀戳出嘴、脸部肌肉和眼宽，刻出眼睛和脸颊（图5–3–7～图5–3–9）。

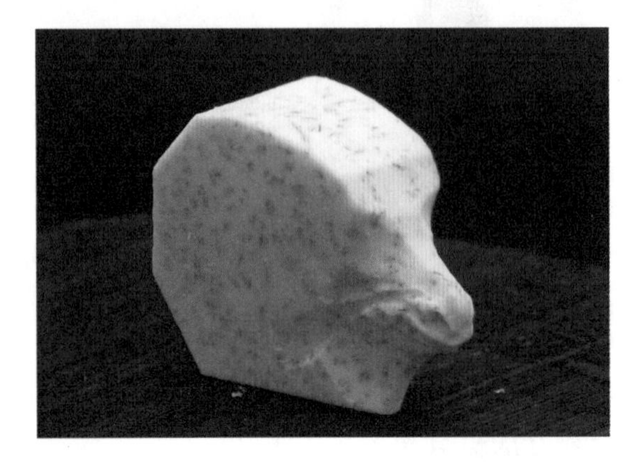

图5–3–7
图5–3–8

③在眼睛后方刻出耳朵，另取原料雕刻羊角，组装成形，完成头部雕刻（图5-3-10、图5-3-11）。

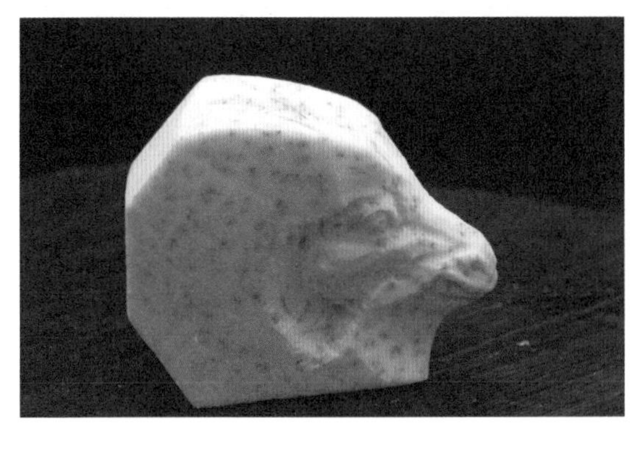

图5-3-9
图5-3-10

④另取一块原料组装上雕刻好的头部，并修出躯干和胡须的轮廓（图5-3-12、图5-3-13）。

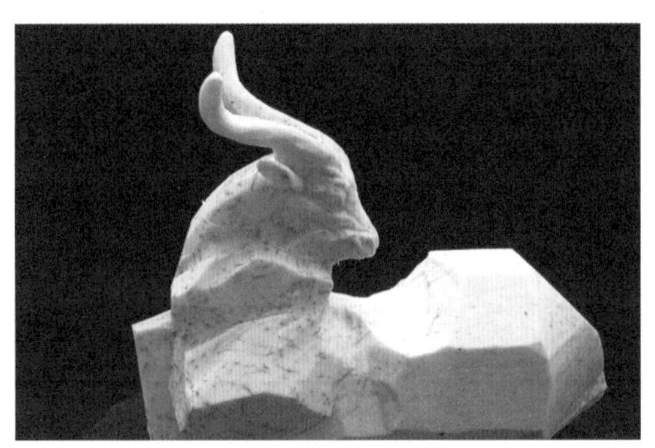

图5-3-11
图5-3-12

⑤修出腿部位置，组装上四肢，雕刻胡须、被毛、体表褶皱等细节，组装上尾巴（图5-3-14 ~ 图5-3-18）。

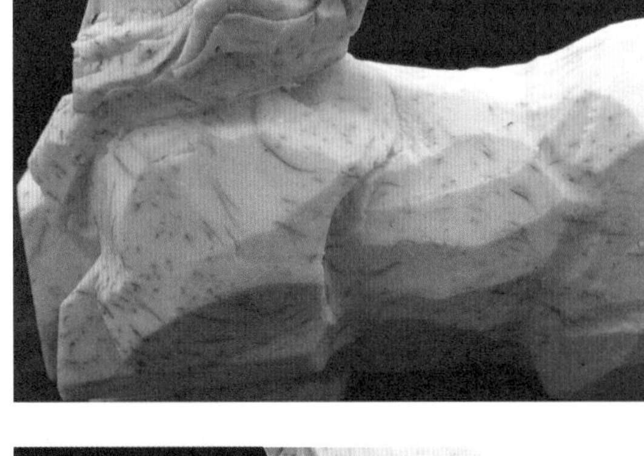

图5-3-13
图5-3-14

图5-3-15
图5-3-16

图5-3-17
图5-3-18

⑥整理修饰，装上点缀品，完成整个作品（图5-3-19）。

图5-3-19

成品要求

①羊姿态优美、健壮，各部位比例协调。

②刀法娴熟，作品完整，无刀痕。

③羊角、胡须形态自然，特征突出。

行家点拨

①两只羊角的位置和形态是羊的主要特征，要求呈分散和向后自然弯曲状。

②胡须，颈部、腹部的被毛层次要分明。

③四肢的分布要合理，前后高低设计将直接影响作品的美感。

拓展训练

①思考与分析：不同种类羊的羊角造型有什么不同？羊的雕刻要注意哪些要求？

②鹿的造型训练（图5-3-20、图5-3-21）。

图5-3-20/鹿造型训练1
图5-3-21/鹿造型训练2

任务四　畜兽雕刻——马

主题知识

马（图5-4-1、图5-4-2）的头面平直而偏长，耳短，四肢长，骨骼坚实，肌腱和韧带发育良好，附有掌枕遗迹的附蝉（俗称夜眼）。马毛色复杂，以骝、栗、褐、青和黑色居多。蹄质坚硬，使马能在硬实的地面上迅速奔驰。胸廓深广、心肺发达的特点也有助于其奔跑。

马是圣贤、人才的象征。人们常常以“千里马”来比喻有能力、有作为的人。龙马精神是中华民族自古以来所崇尚的奋斗不止、自强不息的进取精神。

图5-4-1/马1
图5-4-2/马2

在食品雕刻中，马是温顺畜兽雕刻的典型，初学者通过马的雕刻学习可以举一反三，比较容易地学会其他温顺畜兽的雕刻。因为马的身体结构又有凶猛畜兽的一些特点、特征，所以马的雕刻也是凶猛畜兽雕刻的基础。因此，马的雕刻是畜兽雕刻的重点。

任务实施

马的雕刻

工具：切刀、平口刀、U型戳刀、V型戳刀。

原料：香芋（或白萝卜、南瓜）等。

雕刻方法

①用平口刀将原料修成近似梯形，确定鼻子的位置（图5–4–3 ~ 图5–4–5）。

图5–4–3
图5–4–4

②修出鼻子和眼睛的轮廓（从嘴到眼睛的长度是马头长度的2/3），刻出马的鼻子和眼睛（图5–4–6 ~ 图5–4–8）。

图5–4–5
图5–4–6

图5–4–7
图5–4–8

③刻出唇、舌、齿，修出腮部（图5–4–9）。

④另取一块香芋，用平口刀修出马躯干的基本形态。组装上雕刻好的头部，修出后颈，刻出耳朵和鬃毛轮廓并去除废料，刻出马鬃的飘逸感。用平口刀或V

型戳刀戳出鬃毛的线条（图5–4–10 ~ 图5–4–13）。

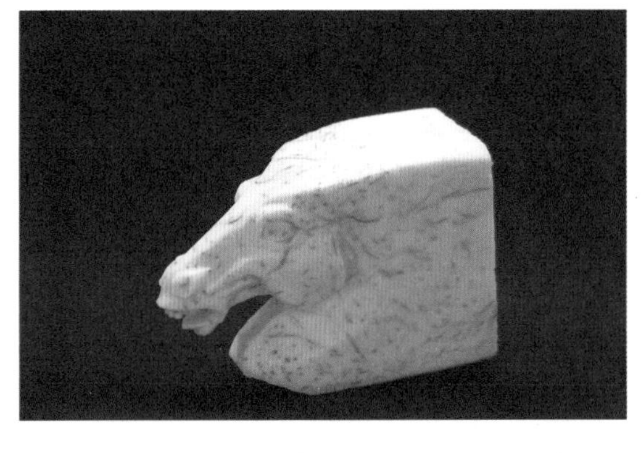

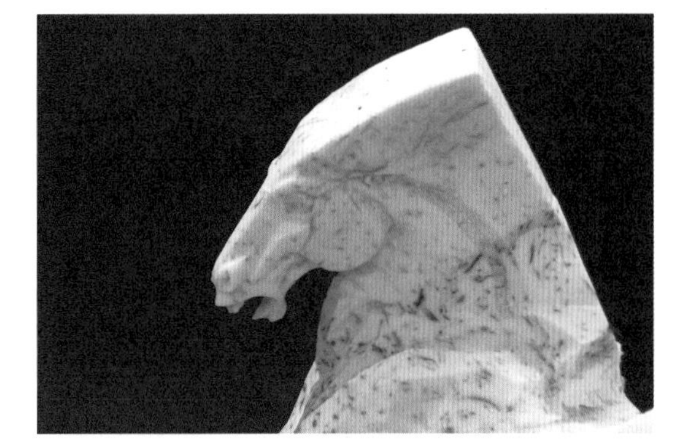

图5–4–9
图5–4–10

图5–4–11
图5–4–12

⑤修整躯干和四肢并刻出四只马蹄的形状，修整马蹄及关节关键部位。用平口刀或V型戳刀戳出马尾并组装。细刻马的肌肉、褶皱等（图5–4–14）。

图5–4–13
图5–4–14

⑥组装成形，装上眼珠，用雕刻的山石、小草做衬托完成作品（图5–4–15、图5–4–16）。

图5–4–15
图5–4–16

成品要求

①造型完整，整体姿态优美、雄壮，各部位比例协调。

②鬃毛、马尾飘逸，弯曲形态自然。

③刀法娴熟，无刀痕，废料去除干净。

行家点拨

①头、颈、躯干、尾的长度比例一般为1：2：3：2。

②眼睛在距离后脑勺的1/3处。

③熟练掌握马骨骼和肌肉的结构及分布，是雕刻出马的健壮效果的关键。

④肌肉、鬃毛和马尾可在写实的基础上适当地写意处理，凸显马的神韵。

拓展训练

①思考与分析：马和骆驼的形态特征有哪些不同？雕刻马要注意哪些要求？

②骆驼造型训练（图5-4-17、图5-4-18）。

图5-4-17/骆驼造型训练1
图5-4-18/骆驼造型训练2

任务五　畜兽雕刻——麒麟

主题知识

麒麟，亦作“骐麟”，雄兽称麒，雌兽称麟，是在古籍中记载的一种传说中的动物。古人把麒麟当作仁兽、瑞兽，认为麒麟主持太平、长寿，民间有麒麟送子之说。从外部形状上看，麒麟（图5-5-1～图5-5-3）集龙头、鹿角、狮眼、虎背、熊腰、蛇鳞、马蹄、猪尾于一身（亦有其他说法）。

图5-5-1/麒麟1
图5-5-2/麒麟2
图5-5-3/麒麟3

麒麟是一种虚构畜兽，是多种畜兽的组合体。在食品雕刻中，麒麟的雕刻是凶猛畜兽雕刻的基础，其他很多凶猛畜兽（如狮子、老虎、貔貅）的雕刻都是在麒麟雕刻的基础上进行变化和创造的。

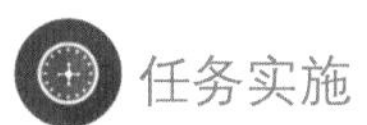

任务实施

麒麟的雕刻

工具：切刀、平口刀、U型戳刀、V型戳刀。

原料：香芋、青萝卜等。

雕刻方法

①取一块梯形原料，确定额头和鼻子的位置（图5-5-4 ~ 图5-5-6）。

图5-5-4
图5-5-5

②在额头和鼻子之间用U型戳刀戳出鼻翼，刻出鼻子（图5-5-7）。

图5-5-6
图5-5-7

③先刻出翻卷的上唇，再刻出獠牙和下唇（图5-5-8、图5-5-9）。

图5-5-8
图5-5-9

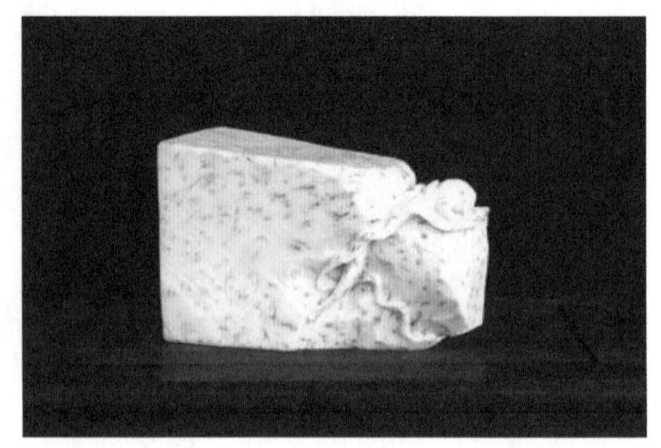

④刻出脸部咬肌和眼睛（图5-5-10）。

⑤刻出耳朵、腮刺和后脑勺，装上雕刻好的角（图5-5-11～图5-5-13）。

图5-5-10
图5-5-11

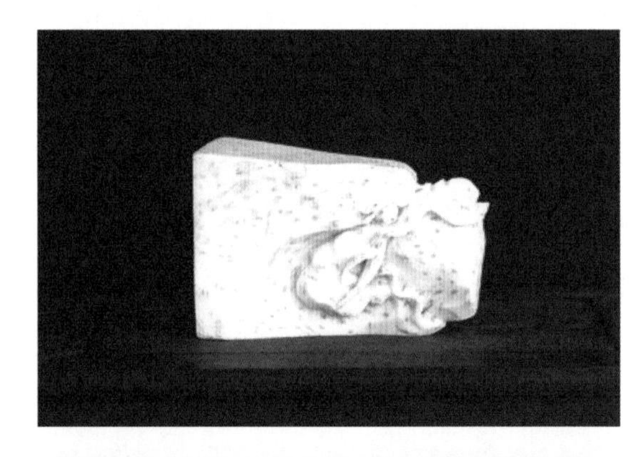

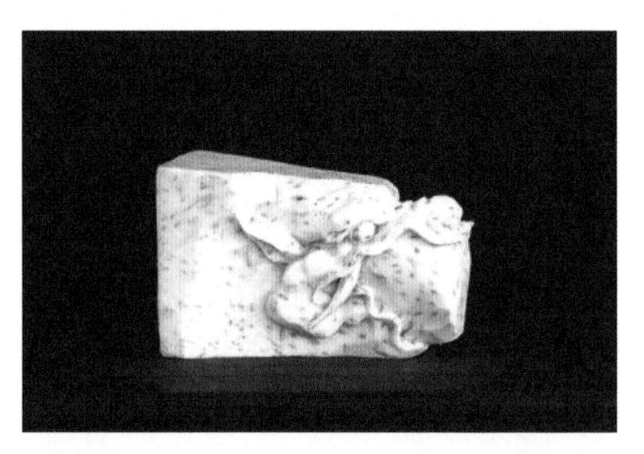

图5-5-12
图5-5-13

⑥刻出牙齿，组装眼睛、舌头和毛发，完成头部雕刻（图5-5-14～图5-5-16）。

图5-5-14
图5-5-15

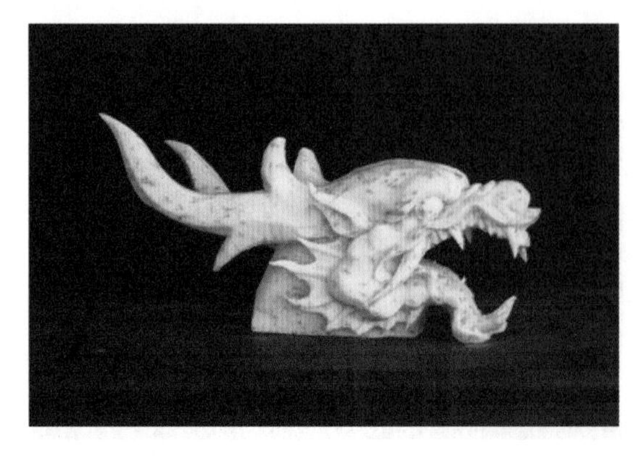

⑦另取一块香芋，确定麒麟的姿态，修出躯干和四肢轮廓，刻出躯干、四肢的细节，戳出鳞片，组装上背鳍（图5-5-17 ~ 图5-5-21）。

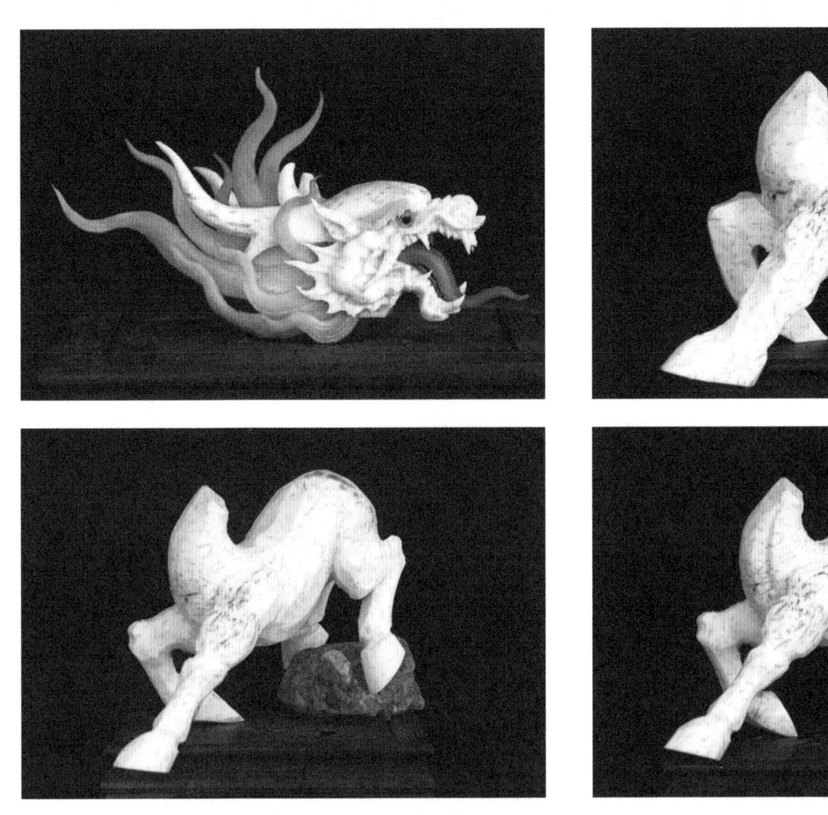

图5-5-16
图5-5-17

图5-5-18
图5-5-19

图5-5-20
图5-5-21

⑧取一块青萝卜，雕刻出尾巴，组装成形，对成品进行整理、修饰即可（图5-5-22 ~ 图5-5-24）。

图5-5-22
图5-5-23

图5-5-24

成品要求

①整体状态威武雄壮，各部位比例协调、美观。

②造型完整，无刀痕，无破损现象，刀法娴熟，废料去除干净。

③鳞片大小均匀过渡，毛发弯曲形态自然。

行家点拨

①头、颈、躯干、四肢的比例一般为1：1：2：1。

②四肢姿态必须保持错落有致，符合畜兽的基本结构特征。

③点缀品很重要，可用须眉、火苗等衬托出麒麟的动感。

④雕刻时要借鉴马的雕刻方法和要领，特别是躯干和四肢大形的雕刻。

拓展训练

①思考与分析：麒麟的形态特征主要有哪些？传统吉祥物狮子与麒麟有什么共同的特征？

②狮子造型训练（图5-5-25、图5-5-26）。

图5-5-25/狮子造型训练1

图5-5-26/狮子造型训练2

任务六　畜兽雕刻——龙

主题知识

龙是中华民族的象征，中国人被称作“龙的传人”。传说中龙（图5-6-1）的形象是由蛇身、鱼鳞、马头、鹿角、虎眼、狮鼻、牛舌、象牙、羊须、鹰爪和鱼尾组成的（亦有其他说法）。龙的各个部位有特定的寓意：突起的前额象征聪明智慧；鹿角象征长寿；虎眼象征威严；狮鼻象征尊贵；鹰爪象征勇猛；鱼尾象征灵活等。龙头的结构如图5-6-2所示。

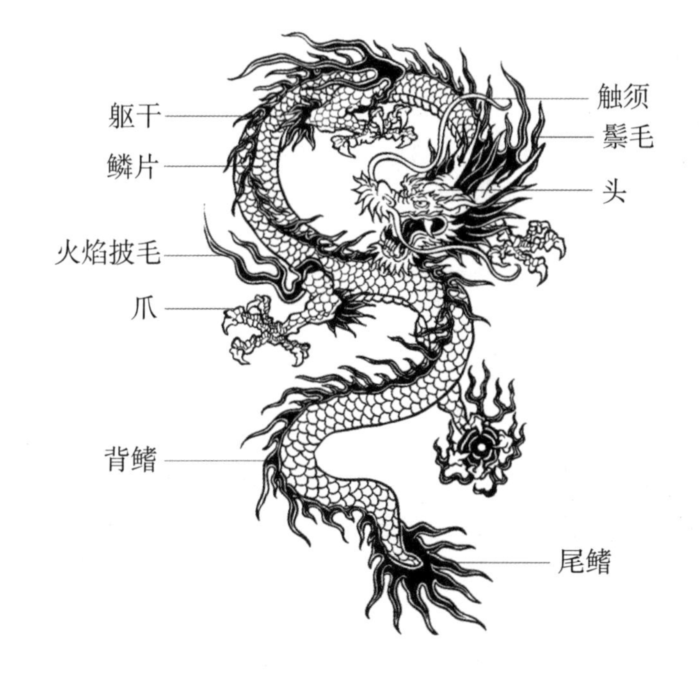

图5-6-1/龙

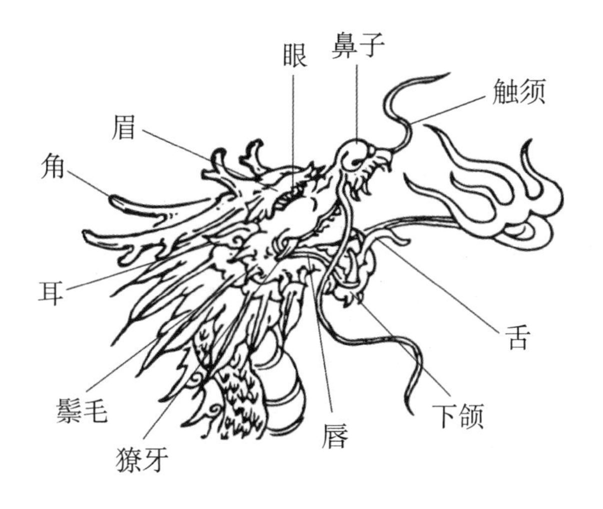

图5-6-2/龙头的结构

在食品雕刻中，龙应用广泛，深受人们的喜爱，又是多种畜兽的组合体，因此学会龙的雕刻极其重要。熟练掌握龙的雕刻方法和技巧是打开深入学习畜兽雕刻大门的“钥匙”。

任务实施

龙的雕刻

工具：切刀、平口刀、U型戳刀、V型戳刀。

原料：南瓜等。

雕刻方法

①龙头的雕刻。

A. 取一块南瓜，将一端的两边切薄成梯形，画出龙头外形，用U型戳刀戳出额头、鼻梁和鼻头（图5-6-3 ~ 图5-6-8）。

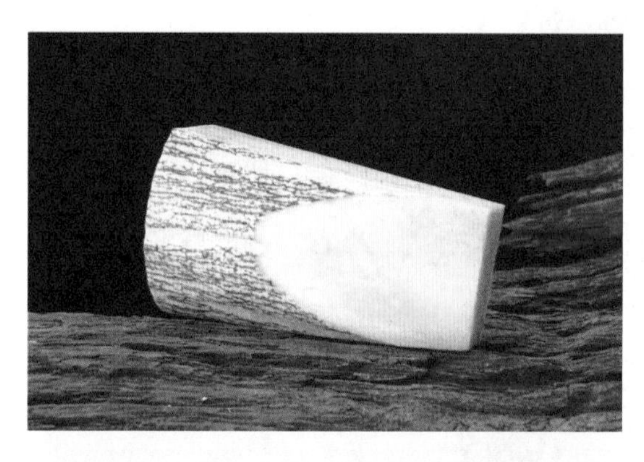

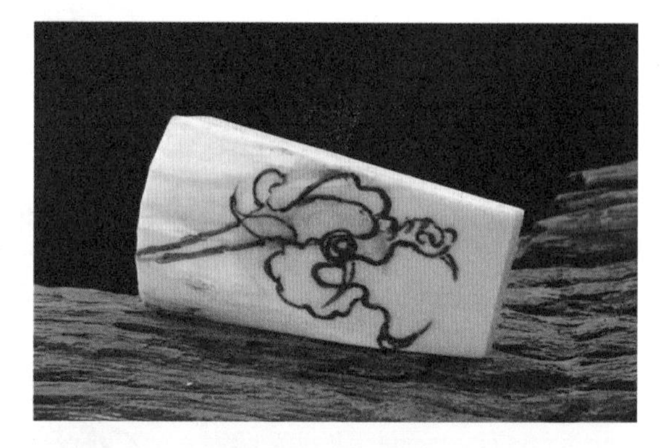

图5-6-3
图5-6-4

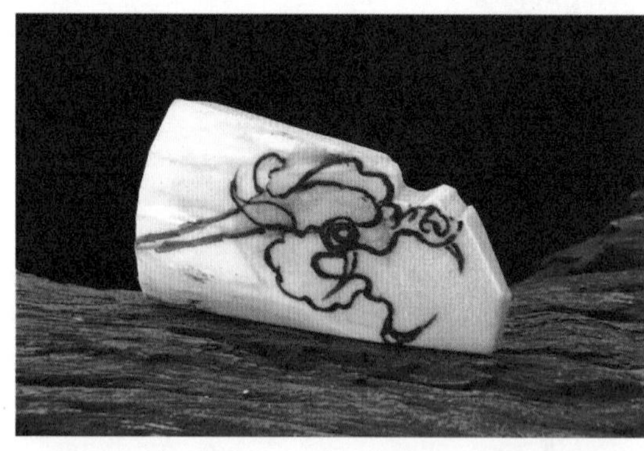

图5-6-5
图5-6-6

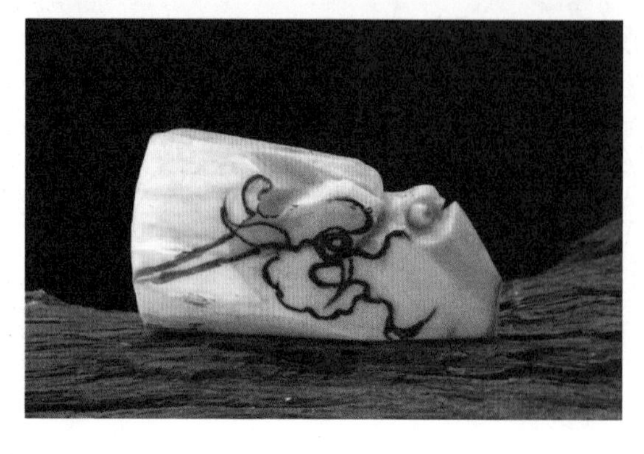

图5-6-7
图5-6-8

B. 从鼻头起刀刻出上唇，在上唇角起刀依次刻出獠牙和下唇（图5-6-9 ~ 图5-6-12）。

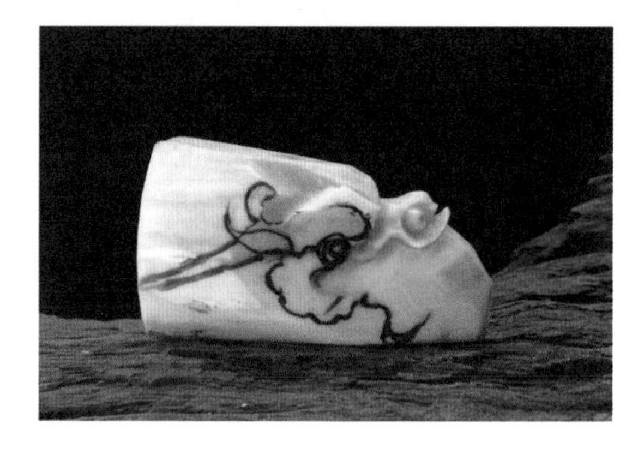

图5-6-9
图5-6-10

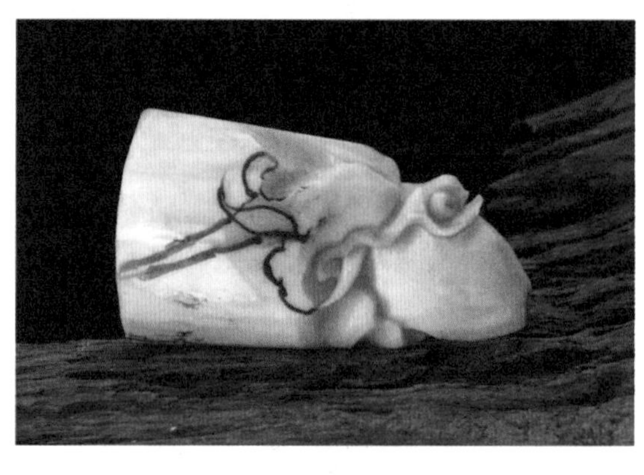

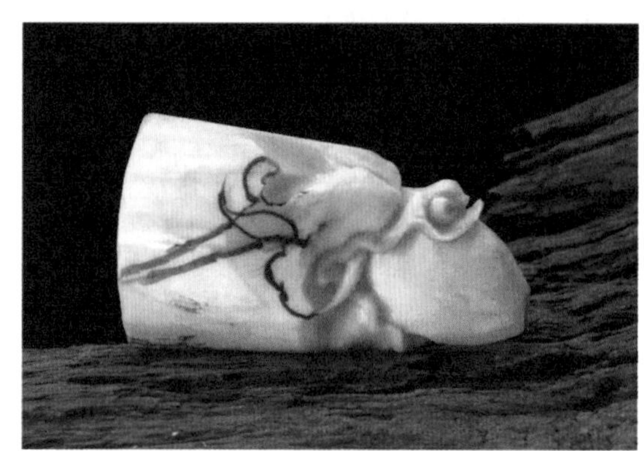

图5-6-11
图5-6-12

C. 从眉心起刀刻出眼睛，从眼角起刀刻出耳朵。从眼角起刀至嘴角下方刻出咬肌，并在咬肌周围刻出鬃毛（图5-6-13 ~ 图5-6-16）。

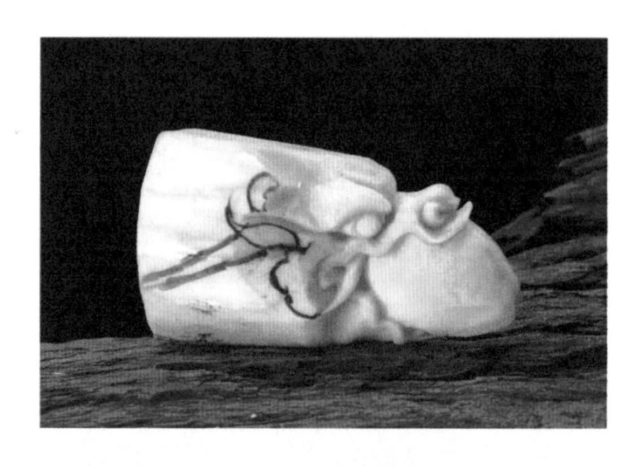

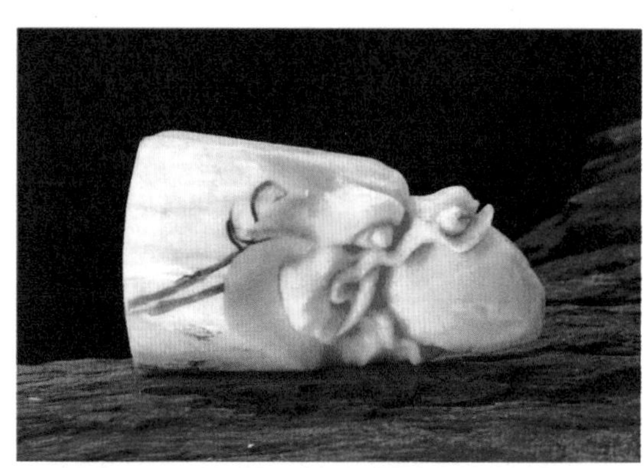

图5-6-13
图5-6-14

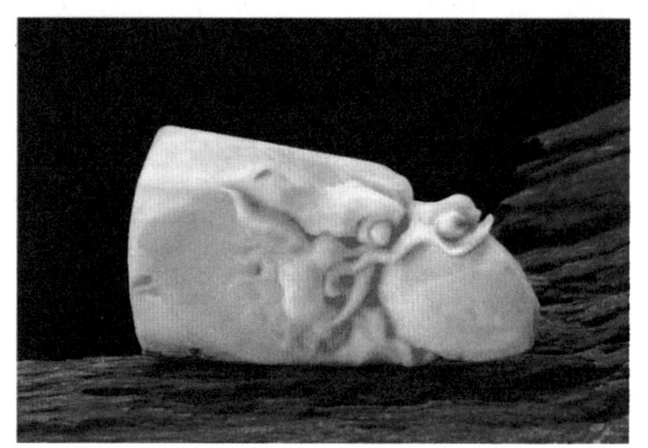

图5-6-15
图5-6-16

D. 刻出尖牙及舌头，去除多余的废料（图5–6–17 ~ 图5–6–19）。

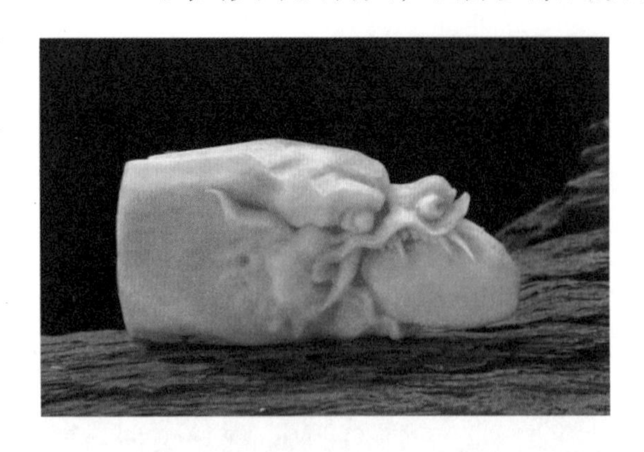
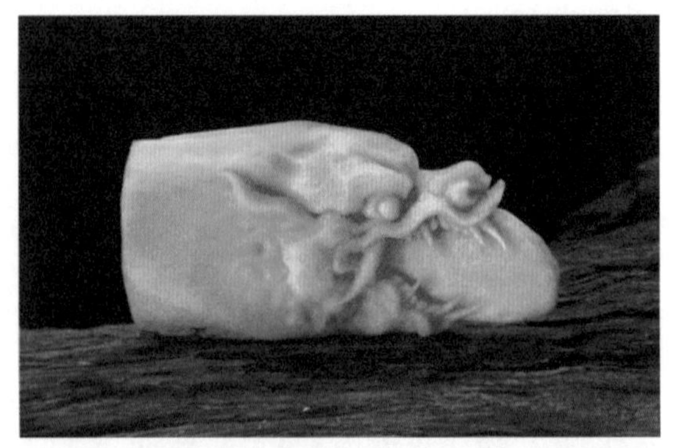

图5–6–17
图5–6–18

E. 组装上龙角，去除多余的废料。刻出鬃毛和触须，组装成形（图5–6–20 ~ 图5–6–24）。

图5–6–19
图5–6–20

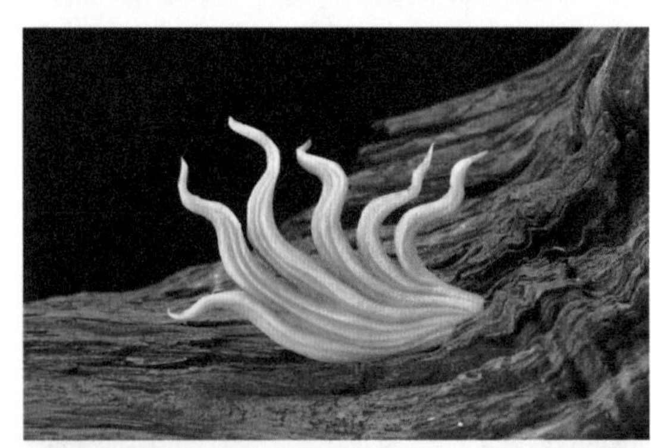

图5–6–21
图5–6–22

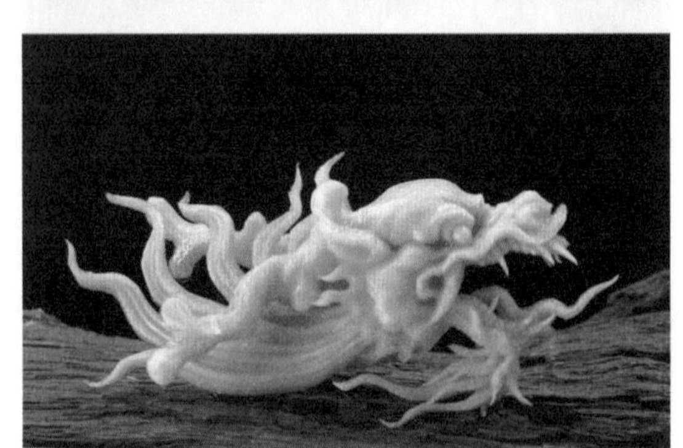

图5–6–23
图5–6–24

②龙身的雕刻。

A. 用切刀修出龙身的初坯，分出雕刻鳞片和腹部的位置（图5–6–25、图5–6–26）。

图5-6-25
图5-6-26

B. 刻出鳞片和腹部纹路（图5-6-27、图5-6-28）。

图5-6-27
图5-6-28

C. 另取一块原料刻出龙尾，组装在尾部位置，用V型戳刀或平口刀戳出龙尾上的鳞片（图5-6-29～图5-6-31）。

图5-6-29
图5-6-30

D. 组装上背鳍，完成龙身的雕刻（图5-6-32）。

图5-6-31
图5-6-32

③龙爪的雕刻。

A．修出龙爪的轮廓，注意前趾与后趾的比例和长短以及趾间距（图5-6-33）。

B. 刻出其他趾（图5-6-34）。

图5-6-33
图5-6-34

C. 刻出腿部鳞片，组装上腿部绒毛（图5-6-35～图5-6-37）。

图5-6-35
图5-6-36

④组装成形。

将雕刻好的龙头、龙身、龙爪按照顺序组装成完整的龙，整理修饰。注意在组装龙爪时，要前后上下错落有致。最后在接口处组装上云朵、太阳等点缀品即可（图5-6-38）。

图5-6-37
图5-6-38

成品要求

①造型完整，形象逼真，各部位比例协调。鼻头圆大，牙齿锋利，肌肉饱满，腿爪有力，形成势不可当之势。

②鳞片大小过渡均匀，鬃毛弯曲自然。

③刀法娴熟，废料去除干净。

行家点拨

①熟练掌握龙头的结构，灵活运用刀具、刀法。

②龙体态灵活，应注意颈、腹、尾的粗细变化，从颈至尾弯曲越来越明显。

③脚趾张开有力，趾头圆润，趾尖弯曲锋利。

④拼接组装同样是关键，巧妙运用各种点缀品，切不可杂乱或喧宾夺主。

拓展训练

①思考与分析：龙的造型有哪些？如何雕刻出龙唯吾独尊的气势？

②龙造型训练（图5-6-39～图5-6-43）。

图5-6-39/龙造型训练1
图5-6-40/龙造型训练2

图5-6-41/龙造型训练3
图5-6-42/龙造型训练4
图5-6-43/龙造型训练5

项目六　人物雕刻

项目描述

人物雕刻在食品雕刻中难度相对较大，学习起来比较困难，特别是人物表情的体现。但是人物又是我们平时接触最多、最熟悉的，因此细致观察人物特点，潜心钻研，就能雕刻出五官准确、表情传神、身体比例恰当的造型。观察自己身边人物的不同表情特点，把这些特点用在人物雕刻学习中，就会取得较好的效果。

项目目标

①掌握人物雕刻的五官比例、表情特征、身体结构、服饰衣纹特征。

②掌握人物雕刻的基本刀法与技巧。

③培养一丝不苟、爱岗敬业的工匠精神。

项目实施

任务一　人物雕刻基础知识

主题知识

一、绘画与食品雕刻相关的知识

中国绘画已有几千年的历史，历代的画家在长期艺术创作实践中总结积累了不少绘画技艺方面的心得与经验，在食品雕刻中可以借鉴，这对学习食品雕刻有很大的帮助。这些心得与经验也是学习人物雕刻必须掌握的基础知识。

（一）关于人体比例关系的描述

“三庭五眼”（图6-1-1）是描述人的五官比例的。从正面看，正常人的头部从上到下可分为大致相等的三个部分，叫作“三庭”，每一庭的长度与从眉毛到鼻翼下缘的长度相当。人的面部宽度为五只眼睛的长度，即两眼之间的距离为一个眼长，眼睛外侧到耳边的距离也是一个眼长，这样加上两只眼睛本身共五个眼长，所以叫作“五眼”。知道了这些，雕刻人物头部时就不容易犯比例失调的错误了。

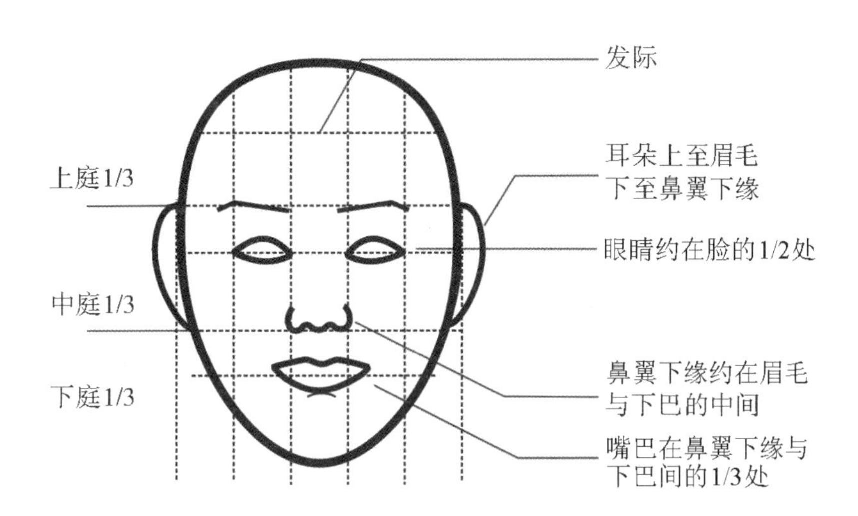

图6-1-1/三庭五眼

“肩担两头”是说正常的成年人的左右肩膀宽度各等于一个头宽，换句话说，一个人的肩部宽度是本人头部宽度的3倍。

“一手捂住半个脸”是说手的大小，正常的成年人的手掌张开后大小与本人的半张脸相当（儿童的手掌要小）。

“立七坐五盘三半”是说正常的成年人站立时高度大约为本人头长的7倍，坐下时高度大约为头长的5倍，而盘腿坐（含蹲下）时高度大约为头长的3.5倍。不过，为了表现成年女性的苗条身段，常将女性站立时的高度定为头长的8倍。另外，有些人物的比例是比较特殊的。

“三庭五眼看头型，高矮再照脑袋衡，罗汉神怪不在内，再除娃娃都能行。”寿星、罗汉、胖和尚、卡通人物等，头部比较大，或是某些部位比较夸张（如额头、鼻子、脸颊等）。这些情况不符合“三庭五眼”和“立七坐五盘三半”是正常的。儿童的身高比例与成人不同，儿童的特点是头大、身子短、脖子短，而且年龄越小，越显得头大。两三岁的儿童，身高是头长的2~3倍，再大一点儿的儿童，身高是头长的3~5倍。用“三庭五眼”来衡量儿童的五官比例也是不行的，儿童的额头比较大，约占整个脸部的1/2，而鼻、眼、嘴等全部集中到了脸的下半部，儿童一般身形较胖、圆润，所以有“短胳膊短腿大脑壳，小鼻子大眼没有脖，鼻子眉眼一块凑，千万别把骨头露”的说法。

“身分四部，直数三折”是说人的身体可分头、躯干、腿和手臂四个主要部分，而“三折”是指人的各种姿势动作主要是由身体“胸至股、股至膝、膝至足”这三段的曲折造成的。

“要知出手与立同”是说人的两臂张开后长度与本人站立时的高度相当。

关于人体各部位比例关系的描述可总结为：

"面分三庭五眼，身分腰膝肘肩。先量头部大小，后量肩有多宽，再看手放何处。袖口必搭外臀，袖内上臂贴肋。肘前必对肚脐，腰下突出是肚，肚下至膝两(个头)数，再往下数是脚跗。正看腹欲出，侧看臀必凸。立见膝下纹，仰见喉头骨。手大脚大不算坏，脑袋大了才发呆。"

（二）关于人物表情的描述

雕刻人物表情，主要看人的眉、眼、嘴的形状和位置。"若要人脸笑，眼角下弯嘴上翘。若要人带愁，嘴角下弯眉紧皱。若要人面惊，目瞪口张眉上吊。怒相眼挑把眉拧，哀容头垂眼开离。喜相眉舒嘴又俏，笑样口开眼又眯。"

二、人物的头部

人物的喜、怒、哀、乐等表情，美、丑、胖、瘦等形象主要都是通过头部来体现的，因此人物的头部是人物雕刻的关键。人物头部主要包括耳、鼻、嘴、眼、眉、头发、胡须以及装饰物品等。

食品雕刻中的五官指眉、眼、鼻、嘴、耳（图6–1–2）。眉可分浓眉、剑眉、峨眉等，鼻可分为高鼻、钩鼻、肥鼻、瘦鼻等。儿童的五官间距较近，显得比较圆润、活泼、可爱。成年男性的五官应方、直、刚劲有力、结构突出，显示出男性的阳刚之气。成年女性的五官线条要细长、柔和、清秀，以显阴柔之美。老人的眼角、鼻翼、嘴角皱纹突出，尽显岁月的沧桑。

图6–1–2/人物的五官

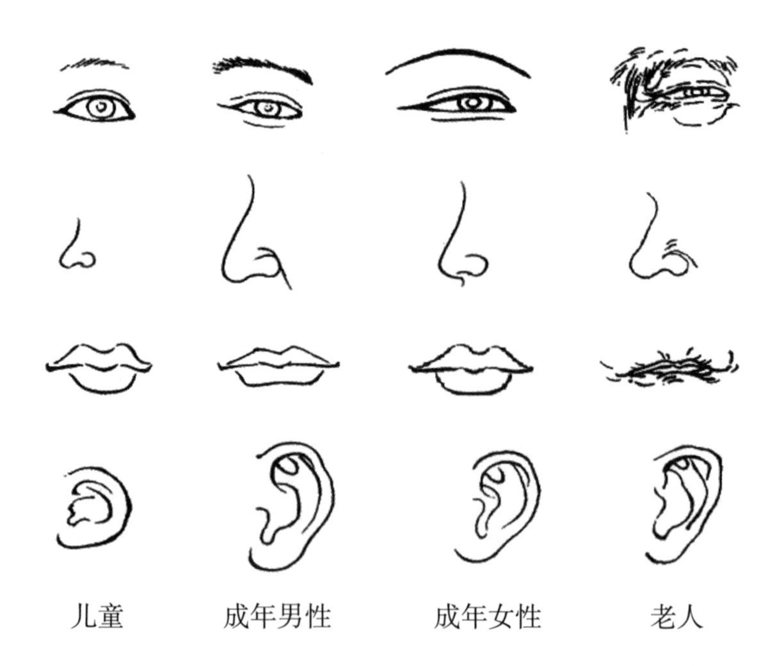

三、人物的手部

手是人物雕刻中结构最复杂、动作最多变的部分，"画人难画手"就源于此。手指各关节灵活多变、姿态各异，在人物雕刻创作时，通过手的表现，能准确地传达、反映人物的内心活动。儿童的手短小、圆润、富有灵性。成年男性的手结构突出、结实有力、富有运动感。成年女性的手纤细、柔软、姿态优美。老人的手多具皱纹，显苍老，但不失苍劲。人物的手部示例如图6–1–3所示。

儿童　成年男性　成年女性　老人

图6–1–3/人物的手部

四、人物的服饰和衣纹

在人物造型中，服饰和人体结构搭配准确才会优美得体，如果不按照人体结构去搭配服饰，那么不论服饰雕刻得多精致、多好看，也是一个空架子。所以，雕刻人物必须先了解服饰的衣纹变化与人体的凹凸之间的关系（图6–1–4）。人体变化必然引起衣纹变化，雕刻服饰、衣纹必须尊重服饰里面的人体结构，衣纹要适应上肢与下肢的活动点及凸凹处的变化。衣纹有刚柔、曲直、虚实、聚散、深浅、厚薄、松紧、动静、繁简、大小、强弱、宽窄等变化。

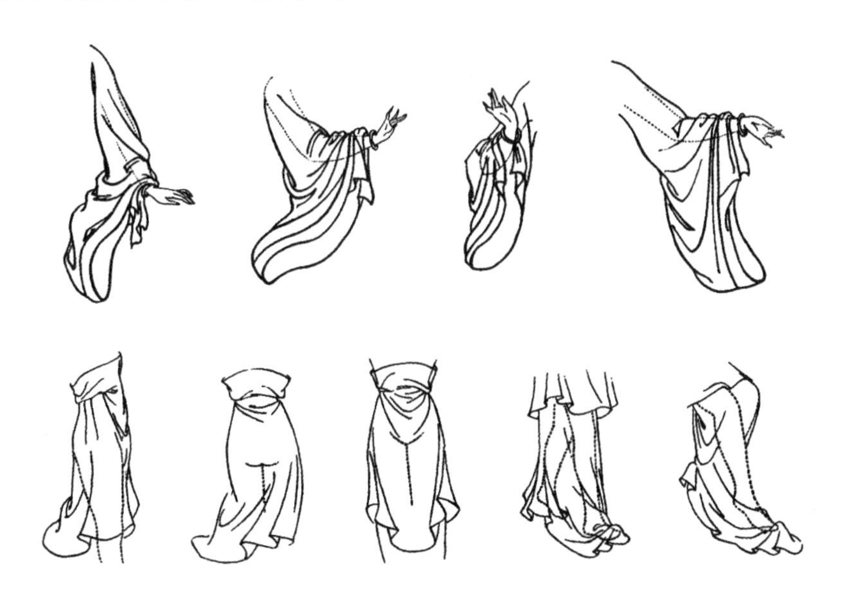

图6–1–4/服饰的衣纹变化

任务二　人物雕刻——弥勒

主题知识

早在西秦时期，甘肃炳灵寺石窟已有弥勒像的绘制。早期的弥勒是根据《弥勒上生经》和《弥勒下生经》绘制、雕塑的，形象有菩萨和佛两大类。弥勒的形象共有三个。第一个是交脚弥勒菩萨形象，然后演变为第二个禅定式或倚坐式形象，第三个是肥头大耳、咧嘴长笑、身荷布袋、袒胸露腹、盘腿而坐的胖和尚形象（图6-2-1、图6-2-2）。

图6-2-1 / 弥勒1
图6-2-2 / 弥勒2

杭州灵隐寺前飞来峰上的各种佛教造像中，就有这样一尊元代雕刻的弥勒像，所雕的弥勒倚坐于山崖上，双耳垂肩，满面笑容，笑口大张，身穿袈裟，袒胸露腹，一手按着一只大口袋，一手持一串佛珠。

在食品雕刻中，弥勒无发无须，开口大笑，脸蛋圆润，体形肥胖，袒胸大肚，服饰简单，特点突出，是最容易掌握的人物雕刻，是学习人物雕刻的基础。

任务实施

弥勒的雕刻

工具：平口刀、U型戳刀、V型戳刀。

原料：南瓜（或香芋、胡萝卜）。

雕刻方法

①取一块原料，修成圆柱体，运用人物五官结构比例“三庭五眼”法，画出弥勒五官的大概位置，并用U型戳刀戳出弥勒的脸部轮廓（图6-2-3 ~ 图6-2-5）。

图6-2-3
图6-2-4

图6-2-5
图6-2-6

②根据人物头部的结构特点，用U型戳刀从鼻梁的两侧起刀刻出眉眶，刻出眼眶、眉毛和鼻子（图6-2-6～图6-2-8）。

图6-2-7
图6-2-8

③根据人物五官结构比例，在鼻翼下缘和下巴之间确定嘴的位置，用平口刀先刻出上唇，再用U型戳刀戳出整个嘴巴的轮廓（图6-2-9、图6-2-10）。

图6-2-9
图6-2-10

④把脸颊多余的废料去掉，凸显整个头部，修出耳朵的轮廓，再用U型戳刀和平口刀细刻人物五官，整理修饰，完成头部雕刻（图6-2-11～图6-2-13）。

图6-2-11
图6-2-12

⑤另取一块原料，将雕刻好的头部组装上去，修出人物的躯干、手臂和腿部大形，并刻出人物的胸部和肚皮（图6-2-14 ~ 图6-2-17）。

图6-2-13

图6-2-14

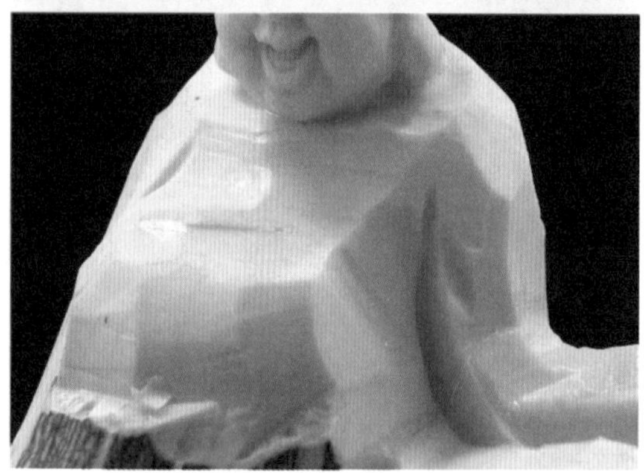

图6-2-15

图6-2-16

⑥细刻出弥勒的手指和脚趾，刻出衣纹和褶皱（图6-2-18 ~ 图6-2-23）。

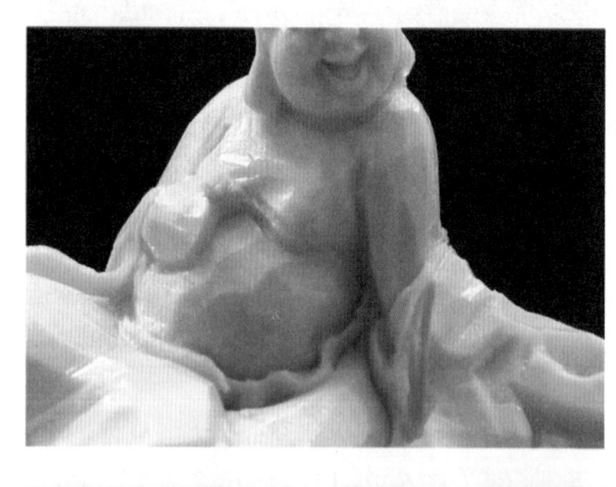

图6-2-17

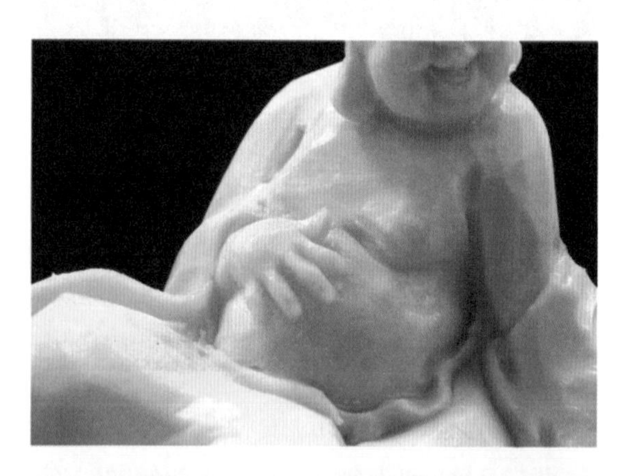

图6-2-18

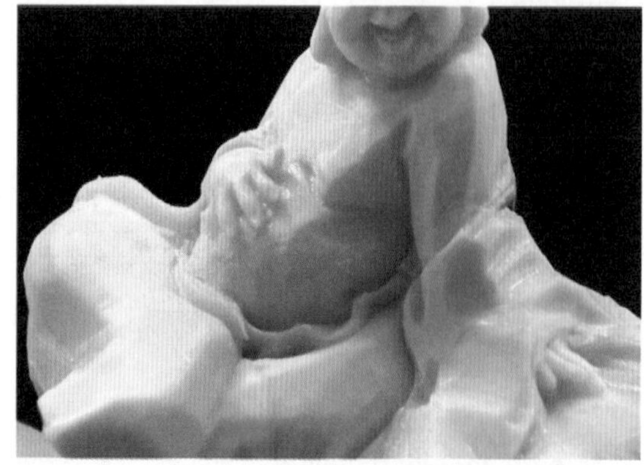

图6-2-19

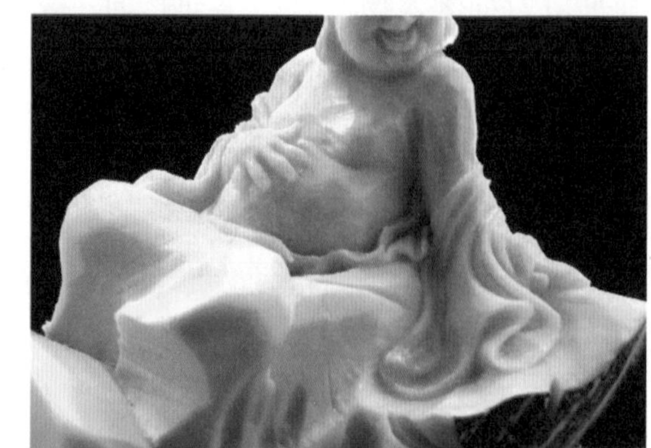

图6-2-20

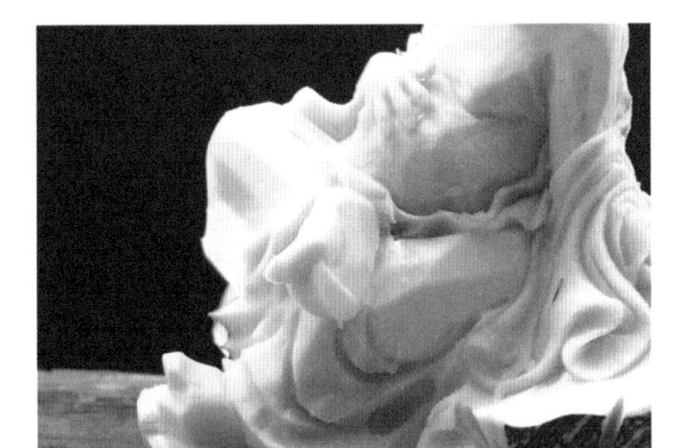

图6-2-21
图6-2-22

⑦整理修饰，组装上点缀品，完成整个作品（图6-2-24 ~ 图6-2-26）。

图6-2-23
图6-2-24

图6-2-25
图6-2-26

成品要求

①作品造型完整，形象逼真，精神饱满，各部位比例协调。
②面部表情准确，特点突出。
③熟练运用五官结构比例“三庭五眼”法，五官位置得当。
④刀法娴熟，下刀精准，废料去除干净。

行家点拨

①在处理五官位置时，在垂直轴上一定要有“四高三低”。“四高”一是“额部”，二是“鼻尖”，三是“唇珠”，四是“下巴尖”。“三低”分别是两

只眼睛之间、鼻额交界处必须是凹陷的，唇珠上方的人中沟是凹陷的，下唇的下方有一个小小的凹陷。

②弥勒体态偏胖，雕刻各部位都要圆润、光滑。

拓展训练

①思考与分析：各种佛像的造型有什么不同？弥勒的头部有哪些特点？

②罗汉造型训练（图6-2-27、图6-2-28）。

图6-2-27/罗汉造型训练1
图6-2-28/罗汉造型训练2

任务三　人物雕刻——童子

主题知识

童子（图6-3-1、图6-3-2）的形象有很多，在食品雕刻中主要有放牛娃、善财童子、金童玉女等，其中善财童子和金童玉女以神话传说的形象出现，深受人们的喜爱。

图6-3-1/童子1
图6-3-2/童子2

任务实施

童子的雕刻

工具：平口刀、U型戳刀、V型戳刀。

原料：香芋等。

雕刻方法

①根据人物雕刻的特点，将原料修成六棱柱，确定下巴和眼睛的位置，修出眉眶（图6-3-3～图6-3-6）。

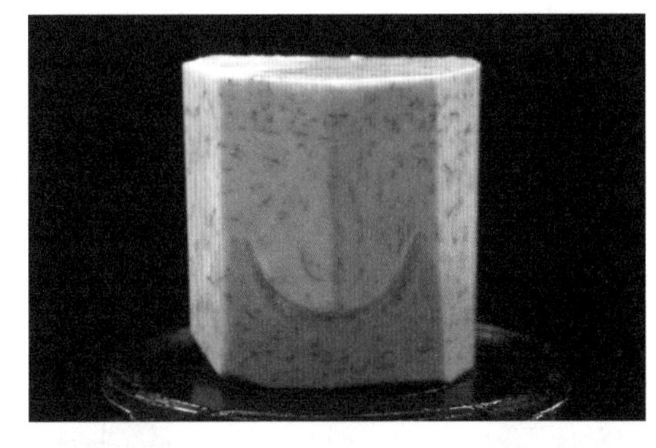

图6-3-3
图6-3-4

图6-3-5
图6-3-6

②借鉴弥勒头部的雕刻方法雕刻出童子的头部轮廓，确定发际位置，修出眼眶和鼻子轮廓（图6-3-7～图6-3-10）。

图6-3-7
图6-3-8

图6-3-9
图6-3-10

③先依次修出嘴巴、眼睛、耳朵的大形，将头部修光滑，再细刻五官（图6-3-11 ~ 图6-3-17）。

图6-3-11
图6-3-12

图6-3-13
图6-3-14

图6-3-15
图6-3-16

④另取一块原料雕刻出头发，并组装在雕刻好的头顶上，完成头部雕刻（图6–3–18）。

图6–3–17
图6–3–18

⑤另取一块原料，将雕刻好的头部组装上去，修出童子躯干和四肢的大形，再刻各部位细节（图6–3–19 ~ 图6–3–26）。

图6–3–19
图6–3–20

图6–3–21
图6–3–22

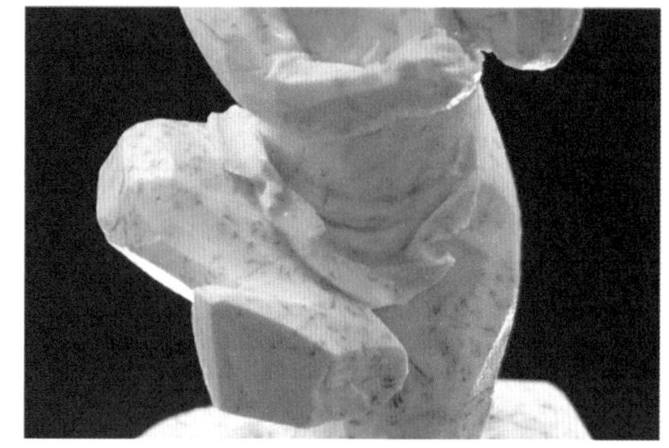

图6–3–23
图6–3–24

图6-3-25
图6-3-26

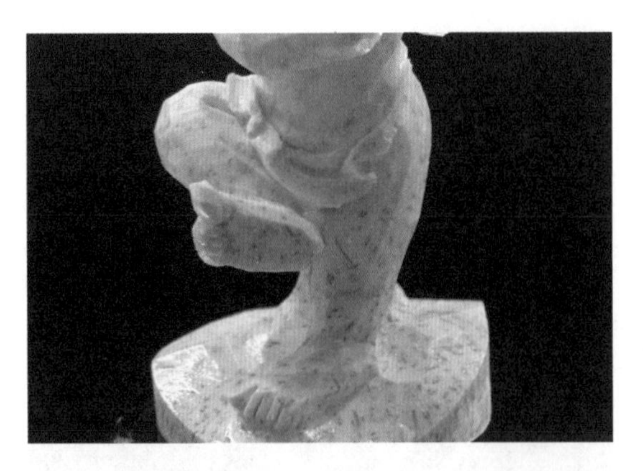

⑥将裸露的四肢修圆润、光滑。组装上点缀品。整理修饰，即可完成整个作品（图6-3-27～图6-3-29）。

图6-3-27
图6-3-28
图6-3-29

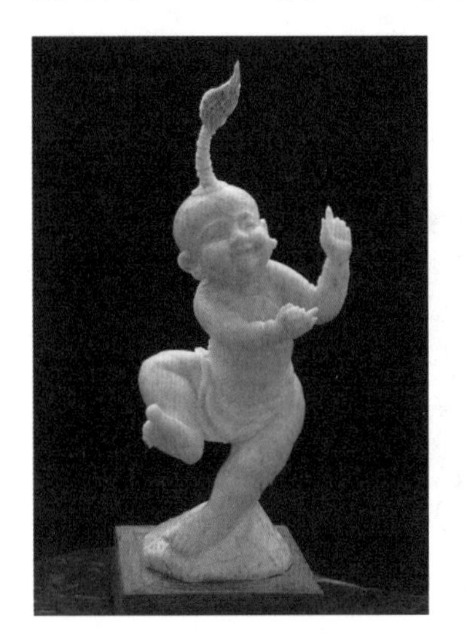

成品要求

①造型完整，人物形态活泼、可爱，各部位比例协调。

②熟练运用五官结构比例“三庭五眼”法，五官位置得当。

③刀法娴熟，下刀精准，废料去除干净。

行家点拨

①儿童的五官间距比较近，根据人物五官结构比例“三庭五眼”法，适当调整，使上庭略大于中、下庭。

②头部雕刻多使用戳刀或拉刻刀，可使成品更加细腻，减少刀痕。

③童子的头部略大，以展示儿童的活泼、可爱、灵性。

④上、下身比例以肚脐为界，一般为5：8。

拓展训练

①思考与分析：童子的身体比例有什么特点？雕刻童子要注意哪些地方？

②童子造型训练（图6-3-30、图6-3-31）。

图6-3-30/童子造型训练1
图6-3-31/童子造型训练2

任务四　人物雕刻——寿星

主题知识

寿星又称南极老人星，是神话传说中的长寿之神，为福、禄、寿三星之一。寿星（图6-4-1、图6-4-2）的形象一般为白须老翁，持杖，额头隆起，常衬托以鹿、鹤、寿桃等，象征长寿。

图6-4-1/寿星1
图6-4-2/寿星2

在食品雕刻中，寿星雕刻是老人、有须人物雕刻的典型。长眉、长须和高高隆起的额头是寿星雕刻最大的特点。

寿星的雕刻

工具：切刀、平口刀、U型戳刀、V型戳刀、拉刻刀。

原料：香芋、心里美萝卜（胡萝卜、青萝卜）等。

雕刻方法

①取一块原料，修出寿星隆起的额头（图6-4-3、图6-4-4）。

图6-4-3
图6-4-4

②用V型戳刀戳出寿星的长眉外形，确定耳朵的位置（图6-4-5、图6-4-6）。

图6-4-5
图6-4-6

③用U型戳刀戳出眼眶、鼻尖、鼻翼和鼻孔，并戳出长须的轮廓（图6-4-7、图6-4-8）。

图6-4-7
图6-4-8

④用平口刀先刻出上唇和部分长须（由于胡须较长，等头部和躯干组装后再细刻），再刻出下唇（图6-4-9 ~ 图6-4-12）。

图6-4-9
图6-4-10

图6-4-11
图6-4-12

⑤刻出耳朵、眼睛、牙齿，去除多余的废料，刻出脸颊，完成头部雕刻（图6-4-13、图6-4-14）。

图6-4-13
图6-4-14

⑥另取一块原料，组装上雕刻好的头部，用V型戳刀戳出胡须，修出躯干大形和服饰轮廓（图6-4-15、图6-4-16）。

图6-4-15
图6-4-16

⑦用心里美萝卜雕刻寿桃，组装在一侧肩膀的位置（图6–4–17）。

⑧用U型戳刀、拉刻刀仔细刻出手掌、手指等部位，形成手托寿桃的姿态，修出服饰、衣纹大形（图6–4–18、图6–4–19）。

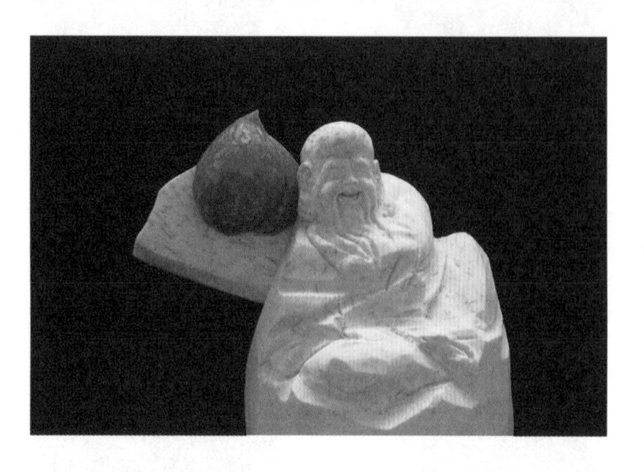

图6–4–17
图6–4–18

⑨用V型戳刀或拉刻刀刻出长须，完成各部位雕刻，将作品表面修光滑（图6–4–20）。

图6–4–19
图6–4–20

图6–4–21

⑩点缀上蝙蝠、祥云等点缀品，完成整件作品（图6–4–21）。

成品要求

①造型完整，形象逼真，比例恰当，神态慈祥。

②突出寿星隆起的额头的特征，慈眉善目。

③熟练运用刀具、刀法，作品细腻，无刀痕。

行家点拨

①隆起的额头、长眉、长须是寿星的特点，寿星的额头可以占整个头部的1/2。

②雕刻寿星应符合老人的形态特征，背部微驼。

③熟知服饰、衣纹特点，寿星的服饰要雕刻得简单、宽大些。

拓展训练

①思考与分析：寿星有哪些主要特征？在食品雕刻中如何体现？

②老者造型训练（图6-4-22、图6-4-23）。

图6-4-22/老者造型训练1

图6-4-23/老者造型训练2

任务五　人物雕刻——仙女

主题知识

仙女（图6-5-1、图6-5-2）源于神话传说，是品德高尚、智慧非凡、纤尘不染、高雅脱俗、具有非凡能力的女性，如西王母、姑射神人、嫦娥仙子等，在语境中多用来形容容颜姣好、端庄秀丽、清新脱俗的女子。

图6-5-1/仙女1

图6-5-2/仙女2

我们中华民族经过五千年的历史沉淀，创造了璀璨辉煌的传统文化。习近平总书记说：“优秀传统文化是一个国家、一个民族传承和发展的根本，如果丢掉了，就割断了精神命脉”。继承和发展传统文化，首先要学习传统文化，了解传统文化。

食品雕刻中的女性雕刻题材绝大多数源于中华优秀传统文化中的神话故事、传说、典故，如“精卫填海”“嫦娥奔月”“女娲造人”“天女散花”“吹箫引凤”“麻姑献寿”“西施浣纱”“昭君出塞”“貂蝉拜月”“贵妃醉酒”等。仙女的雕刻是人物雕刻中难度最大的，因为简单几刀就得勾勒出人物的一举一动和喜怒哀乐。不但要熟练掌握人体结构比例、人物形态，而且要掌握不同时代的服饰特点、特征以及相应的雕刻技巧，才能够更好地表达人物的思想和情感。

任务实施

仙女的雕刻

工具：平口刀、U型戳刀、V型戳刀。

原料：南瓜等。

雕刻方法

①取一块原料，修成圆柱体，在原料表面画出面部轮廓、眼睛和嘴巴的位置，再修出面部轮廓（图6-5-3 ~ 图6-5-5）。

图6-5-3
图6-5-4

图6-5-5
图6-5-6

②修出眼眶、鼻梁位置，用U型戳刀戳出鼻尖、鼻翼、鼻孔和眼睛鼓包，用平口刀在鼻尖与下巴1/3处刻出嘴裂线（图6-5-6 ~ 图6-5-12）。

③用U型戳刀戳出上、下唇（图6-5-13）。

④在眼睛鼓包处确定眼睛的位置，用平口刀刻出眼睛（图6-5-14）。

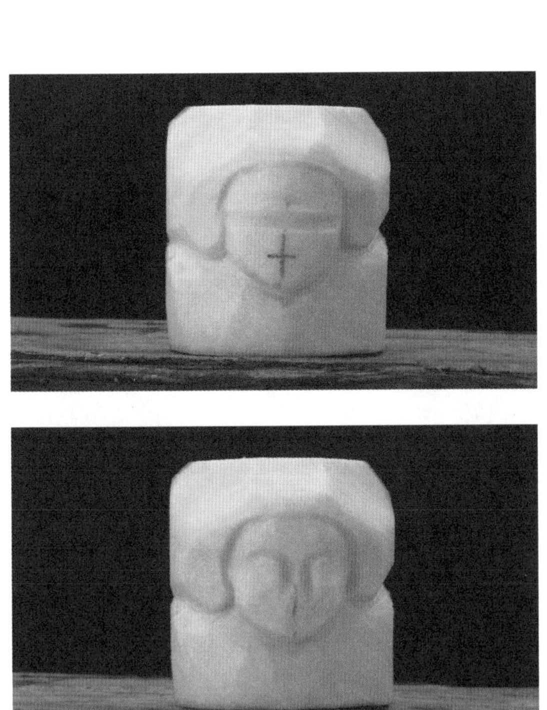

图6-5-7
图6-5-8

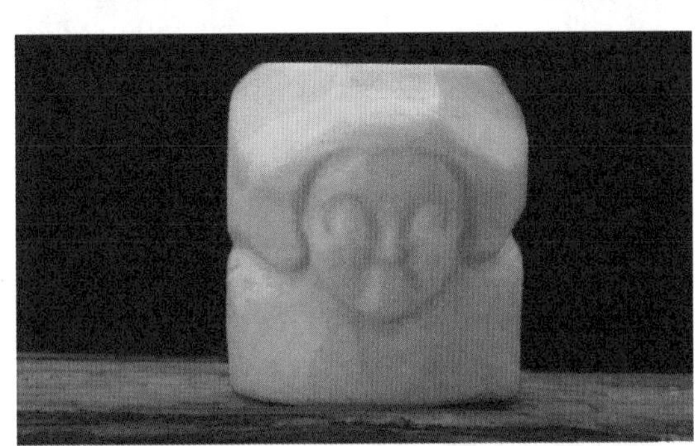

图6-5-9
图6-5-10

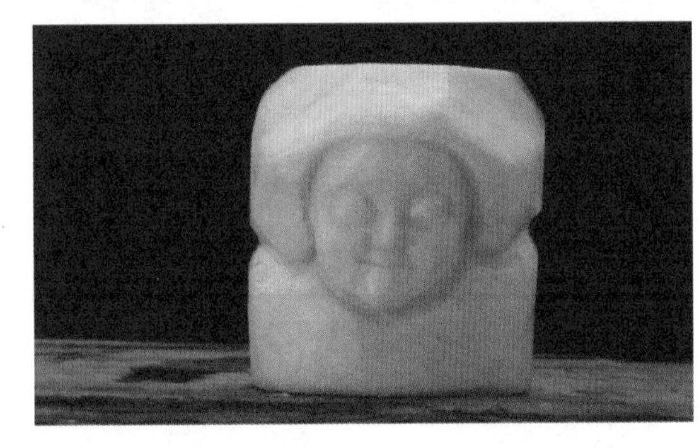

图6-5-11
图6-5-12

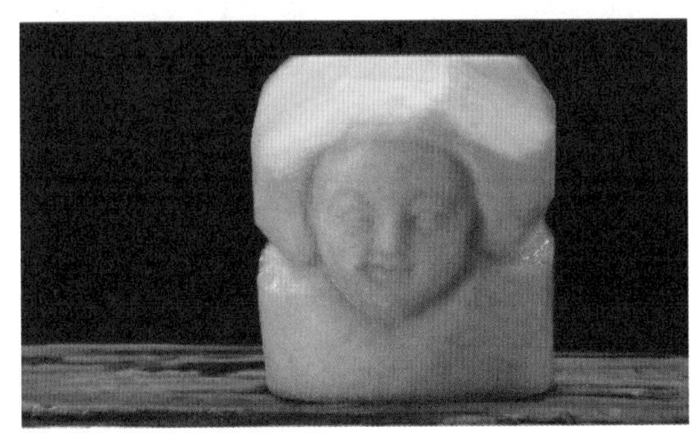

图6-5-13
图6-5-14

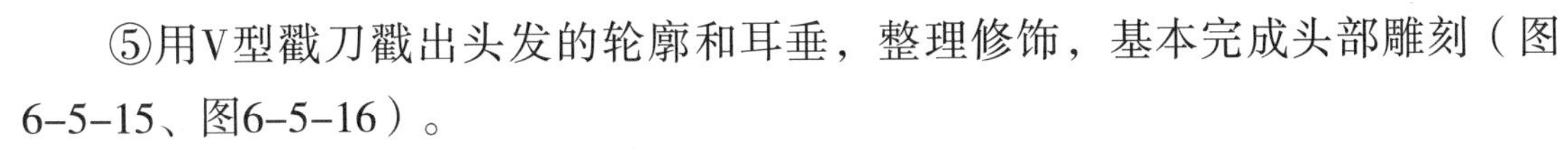

⑤用V型戳刀戳出头发的轮廓和耳垂，整理修饰，基本完成头部雕刻（图6-5-15、图6-5-16）。

图6-5-15
图6-5-16

⑥另取一块原料，组装上雕刻好的头部，用平口刀和U型、V型戳刀修出仙女的脖子和躯干大形（图6-5-17～图6-5-21）。

图6-5-17
图6-5-18

图6-5-19
图6-5-20

图6-5-21
图6-5-22

⑦在原坯体的基础上细刻脖子和衣领。画出袖口、裙摆和裤腿的衣纹褶皱，用平口刀、U型戳刀和V型戳刀雕刻出来（图6-5-22～图6-5-26）。

图6-5-23
图6-5-24

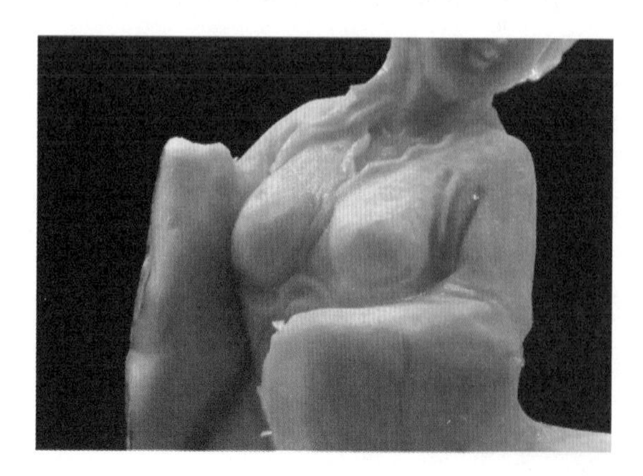

图6-5-25
图6-5-26

⑧另取两块原料，定出手的大形，雕刻出双手（图6-5-27 ~ 图6-5-31）。

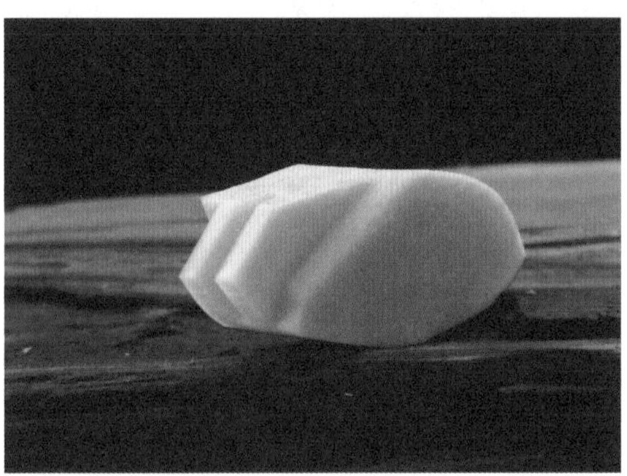

图6-5-27
图6-5-28

图6-5-29
图6-5-30

⑨另取一块原料，先画出飘带的褶皱，再刻出飘带（图6-5-32 ~ 图6-5-36）。

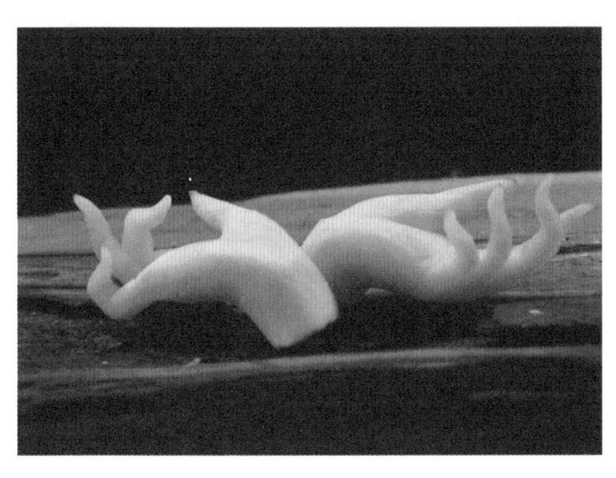
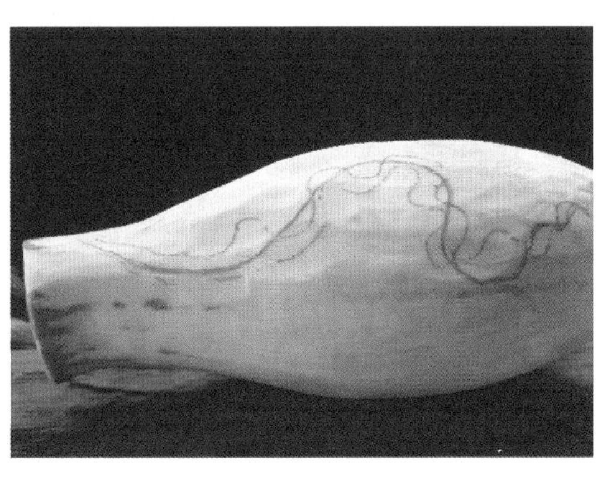

图6-5-31
图6-5-32

图6-5-33
图6-5-34

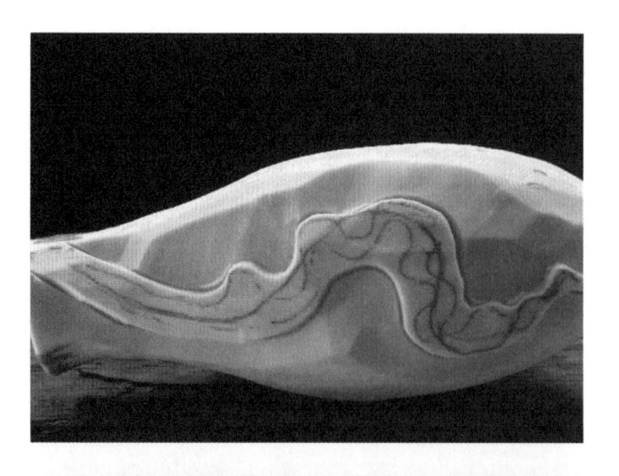

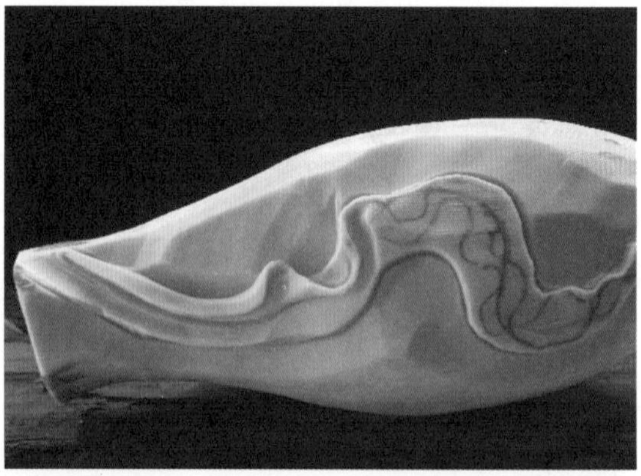

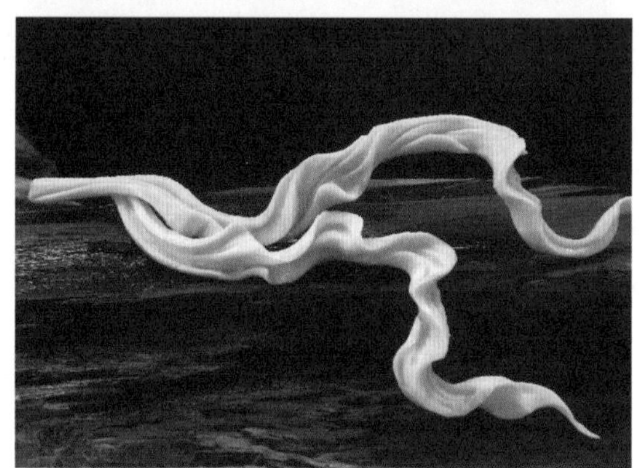

图6-5-35
图6-5-36

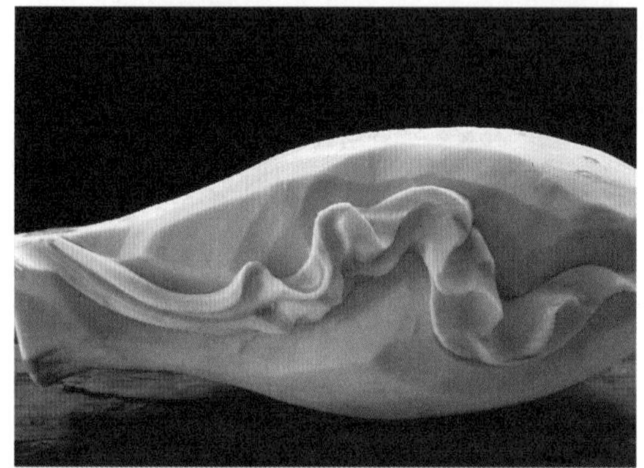

⑩将雕刻好的各部件组装成形，配上点缀品，完成整个作品（图6-5-37 ~ 图6-5-42）。

图6-5-37
图6-5-38

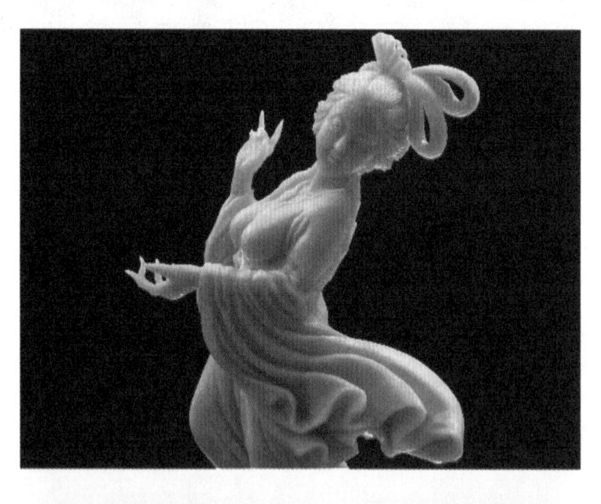

图6-5-39
图6-5-40

图6-5-41
图6-5-42

成品要求

①作品整体比例协调，形象逼真，神态饱满、端庄。

②熟练运用刀具、刀法和雕刻手法，作品完整，无刀痕，无破损现象。

③装饰恰当，重点突出，点缀品不喧宾夺主。

行家点拨

①熟悉、掌握古代美女的体态特征、服饰特点。

②仙女眼睛、鼻梁、嘴巴的雕刻一般用U型、V型戳刀，避免出现过多刀痕。脸部、手指等部位可用水砂纸打磨，以除去刀痕，增加光洁度。

拓展训练

①思考与分析：仙女的服装和头饰有什么特点？在雕刻中如何体现？

②女性造型训练（图6-5-43 ~ 图6-5-45）。

图6-5-43/女性造型训练1
图6-5-44/女性造型训练2
图6-5-45/女性造型训练3

参考文献

1. 江泉毅. 食品雕刻［M］. 2版. 重庆：重庆大学出版社，2015.

2. 周妙林，夏庆荣. 冷菜、冷拼与食品雕刻技艺［M］. 北京：高等教育出版社，2002.

3. 周文涌，张大中. 食品雕刻技艺实训精解［M］. 2版. 北京：高等教育出版社，2012.